苏州科技大学风景园林学学科建设项目
江苏省“双创博士”人才项目(JSSCBS20220863)
江苏省高校哲学社会科学研究一般项目(2022SJYB1469)
苏州科技大学高层次人才引进项目(332111306)

小气候与景观场地设计

营造人体热舒适与降低建筑能耗

Microclimate and Landscape Site Design

Creating Thermal Comfort and Energy Efficiency

连泽峰　(加)罗伯特·布朗　(加)特里·格莱斯比　著

·南京·

图书在版编目(CIP)数据

小气候与景观场地设计：营造人体热舒适与降低建筑能耗 / 连泽峰，(加) 罗伯特·布朗 (Robert D. Brown)，(加) 特里·格莱斯比 (Terry J. Gillespie) 著. — 南京：东南大学出版社，2024.4

ISBN 978-7-5766-1329-2

Ⅰ. ①小… Ⅱ. ①连… ②罗… ③特… Ⅲ. ①小气候—关系—场地—景观设计 Ⅳ. ①P463.2②TU983

中国国家版本馆 CIP 数据核字(2024)第 037474 号

责任编辑:朱震霞　　责任校对:韩小亮　　封面设计:顾晓阳　　责任印制:周荣虎

小气候与景观场地设计:营造人体热舒适与降低建筑能耗

XIAOQIHOU YU JINGGUAN CHANGDI SHEJI: YINGZAO RENTI RESHUSHI YU JIANGDI JIANZHU NENGHAO

编　　著:连泽峰　(加)罗伯特·布朗　(加)特里·格莱斯比
出版发行:东南大学出版社
社　　址:南京市四牌楼 2 号　　邮编:210096　　电话:025-83793330
出 版 人:白云飞
网　　址:http://www.seupress.com
电子邮箱:press@seupress.com
经　　销:全国各地新华书店
印　　刷:苏州市古得堡数码印刷有限公司
开　　本:889 mm×1194 mm　1/16
印　　张:14
字　　数:280 千
版　　次:2024 年 4 月第 1 版
印　　次:2024 年 4 月第 1 次印刷
书　　号:ISBN 978-7-5766-1329-2
定　　价:55.00 元

本社图书若有印装质量问题,请直接与营销部调换。电话(传真):025-83791830

作者简介

连泽峰,苏州科技大学建筑与城市规划学院园林系讲师、系主任助理,国际景观小气候设计与研究组织 MDRG(Microclimate Design and Research Group)成员,同济大学风景园林学博士(师从中国风景园林著名学者刘滨谊教授),Texas A&M 大学联合培养博士,主要研究方向为景观小气候与人体热舒适。主持在研项目两项,参与国家自然科学基金重点项目等国家级科研项目和设计实践项目多项,在国内外专业权威核心期刊发表论文十余篇。

罗伯特·布朗(Robert D. Brown),Texas A&M 大学教授,博士生导师,Guelph 大学荣誉教授,Guelph 大学微气象学博士。创立国际景观小气候设计与研究组织 MDRG,发明小气候人体热舒适模型 COMFA,主要研究方向为景观小气候设计与研究、城市人居环境与热健康,国际专业权威核心期刊 *Landscape and Urban Planning*、*Urban Forestry and Urban Greening* 与 *Landscape Research* 编委,发表期刊论文近百篇。

特里·格莱斯比(Terry J. Gillespie),Guelph 大学荣誉教授,小气候学著名学者与教育家,德鲁·汤姆森博士应用气象学奖获得者,加拿大 3M 国家教师奖学金最高奖获得者,加拿大农业和森林气象学会会士,Guelph 大学农业气象学博士。

前　言

在 20 世纪 90 年代初开始构思本书初稿时，Landscape Architecture 和 Micrometeorology 是两个完全分开的学科，很少有人会把它们联系在一起；而现如今，全球的人们普遍看到了景观设计在改变小气候、营造人体热舒适环境方面的价值。然而在实际的教学中我们发现，由于学生对小气候及其对景观场地设计的影响存在认识和知识方面的欠缺，导致设计成果一旦联系实际就显得非常脆弱，无法经受现实的考验。我们以 *Microclimatic Landscape Design* 一书为基础，通过中国故事、苏州场景和大学生活语境对原书进行改写，使其更为通俗易懂、深入浅出，提高了可读性；同时增加了若干章节新内容，并对原书部分内容进行了勘误，最终形成了《小气候与景观场地设计》一书。

本书章节包括引言，理论框架，大气系统，小气候学与能量收支平衡，人体热舒适，建筑节能，调控辐射能量，调控风环境，调控空气温度、湿度和降水，以及在景观场地设计中结合小气候信息。由于水平有限，书内不当之处，敬请读者批评指正。

希望无论诸位是学生、研究人员还是专业景观设计师，都能发现它的有用之处。

罗伯特·布朗(Robert D. Brown)　连泽峰

目　录

导 读

■ 小气候是户外空间中太阳辐射、大地辐射、风、空气温度、相对湿度和降水状况的总和。

本书将介绍小气候重要的组成部分及其特征以帮助诸位了解景观场地设计如何影响小气候及人体热舒适。我们将从宏观视角开始,通过案例层层深入地理解相关概念。

引言章节将详细介绍各章节内容及设计一个具有舒适小气候的景观场地所应具备的知识。

请阅读并思考本章内容,这能让诸位建立一个有助于理解后续章节内容的思维框架。

如果诸位的习惯是先了解各章内容然后进行概括来形成总体认识,那么建议在阅读完后续所有章节之后,再回到引言。

正如我们会从宏观到微观视角去了解或调查某一景观场地,本书的写作方式也是如此。当诸位在调研场地时会首先通过卫星地图(图 0-1,如天地图、百度地图等)了解场地周边地块的信息与场地内部的大致状况,如水体与建筑的分布;其次,利用无人机航拍或高精度卫星地图进一步观察场地及周边情况(图 0-2 鸟瞰视角);然后开车沿着场地周边街道观察并拍摄场地周边用地的类型与现状(图 0-3 车内视角);最后,步入场地内部进行最细致的调查并寻疑解惑(图 0-4 人行视角)。

在完成以上调研步骤之后,诸位大致能明确在后续设计中

图 0-1 卫星视角

通过卫星地图可以观察到场地所处区域的概况,如用地性质与山水格局,建立对于场地的第一印象。在后续更为精确的观察中将此印象逐步深化。

需要解决的场地问题及所需的相关具体资料。同样,本书各章节的讨论环节将层层深入地使诸位在阅读后续章节时能整合之前所学知识。

卫星视角

小气候设计需要:(1) 了解场地所处区域的盛行气候状况;(2) 理解景观要素影响场地所在区域气候以营造小气候的方式;(3) 掌握能实现小气候理论的景观设计方法以营造满足人体热舒适与建筑节能的小气候。

鸟瞰视角

场地所处区域的盛行气候与场地内部景观要素发生作用后将形成独特的小气候。小气候学家将这些作用形式描述为对场地内部空气温度、风速、太阳辐射以及相对湿度等要素的影响。我们对场地内景观要素的设计布局会显著影响最终形成的小气候。相反,场地内部小气候也会强烈影响人体热舒适与建筑能耗。

图 0-2 鸟瞰视角

相比卫星地图，通过无人机拍摄的场地鸟瞰图能提供更精确的信息。鸟瞰图能够清晰展示场地内部与周边用地的情况。

本书将帮助诸位理解不同类型景观要素对小气候要素的影响方式，并对于这些小气候知识如何与景观设计相结合提供相关建议以达到营造场地内部最佳人体热舒适与建筑能耗的目的。

车内视角

正如毛泽东在著名演讲《改造我们的学习》中的论述“学习的目的，全在于运用”。以及《论语》的经典名言“学而时习之，不亦说乎”，理解和应用是精通小气候设计必要的关键步骤。

首先诸位必须初步理解景观要素如何影响小气候要素。例如景观要素只能显著影响风和太阳辐射这两个小气候要素，却通常无法显著影响其他因素，如空气温度和相对湿度（特殊情况除外）。同样，诸位必须通过思考人体热舒适及建筑能耗相关问题来理解小气候如何影响人对景观场地的使用。

了解地球大气系统驱动力是学习小气候的第一步。借助大气科学我们初步认识整个地球大气系统并理解太阳能量与地球运动方式的耦合作用如何产生天气并最终形成区域气候。这种相互作用的分析方法也可以运用在场地内部及周边区域，以及天气与景观要素（例如树木、建筑物和地面覆盖物）形成小气候的过程。

小气候学是一门科学，学习与引用它需要分析（将对象分解为不同组成部分并使用不同方法对其进行解析）和综合（将各组成部分有机整合在一起）。由于小气候作为一个整体是非常复杂且不断变化的（回想诸位在校园中漫步时的体验），理解它的最佳方法是学习其各组成部分，即场地小气候中能被景观要素调控的重要部分。

能量收支平衡概念是我们理解小气候的另一个方法，它就像我们的日常生活预算。在财务自由之前，大多数人需要对自己的财务进行预算，比如首先会考虑住房支出（房租或者房贷）与日常起居的必需品（柴米油盐酱醋茶）支出，如果还有剩余那么诸位可能会用于休闲活动或储蓄。在诸位的大学生活中是否常常需要精打细算度过月末？

图 0-3　车内视角

相比前两种视角，在车里能以三维视角观察场地周边状况，并且逐渐形成场地的“总体轮廓”，特别是场地周边用地与建筑现状。请记住场地平面图需要包含一定范围的周边环境！

景观场地小气候也同样可看作是一种预算模型,即能量收支平衡模型。在场地内通常有一定的可利用能量,这些能量主要以太阳辐射的形式存在并可进一步分解为不同的“能量流”,它们首先会加热地面或蒸发场地水分,若有剩余则会加热空气。

能量的分配方式,即“能量流”的分化方式,将会显著影响景观场地小气候。若场地非常干燥,那么就不会有能量用于蒸发水分,因此大部分能量将会加热地面和空气。相反,若场地潮湿,用于蒸发水分的能量就会大幅增加,而用于加热地面和空气的能量就会降低。

能量收支平衡概念同样可以用来分析人体热舒适和建筑能耗。人体可利用的能量来自辐射(太阳辐射与大地辐射)和新陈代谢(人体内产生的热量)。我们可以借助方程式来定量描述人体、建筑的能量损失与小气候间的关系。

在实际运用中,计算人体、建筑所有流入和流出的能量总和能确定景观场地中人体热舒适情况与建筑能耗。若计算结果是一个很大的正值(如+300 W/m^2),则表示人获得的能量大大超过了自身所能忍受的阈值,此时人体会变得过热,从而感到非常不舒适。因此若想提高人体热舒适度,我们必须优化景观设计。

例如笔者与学生一起在苏州虎丘国家湿地公园调研时,由于设计方案没有考虑到太阳入射角与主干道以及行道树冠幅大小三者间的关系,同学们发现夏季下午 3 点左右的热舒适极差。这也是他们在课程设计中常常忽略的环节。只有在亲身体验之后才会有深刻的感受!

建筑物的能量收支平衡也同样可以代表在特定景观场地中维持室内恒定温度所需消耗的能量。但是通过小气候设计我们可以降低建筑能耗。例如,在建筑西北侧新增一定高度的防风林可以降低夏季午后以及冬季的建筑能耗。

一旦对小气候的发生机理有了基本了解,诸位就可以开始思考景观要素如何影响小气候。虽然我们所掌握的景观设计方法都对小气候具有一定影响,但更重要的是需要了解其中哪些要素能产生显著影响。

风、辐射和降水是较为容易通过景观设计调控的小气候要素且在设计实践中可操作性较强。尽管在某些情况下,空气温度和相对湿度等其他小气候要素也可以通过景观设计进行调控并影响人体热舒适或建筑能耗(想想园林史中介绍的伊斯兰园林),但聚焦风和辐射通常能让我们最大限度地利用现有资源。降水(下雨)对人体热舒适也同样重要,但通常通过简单的方法即可进行调控(例如我们从小到大都知道的一处校园场地——风雨操场)。

在冬季,降雪也会显著影响人体热舒适度。雪量的分布很大程度取决于风的运动,因此我们需要通过调控风来处理降雪问题。

绝大部分景观要素都会影响风和辐射(如景观场地中的所有物体),因此重要的是明确哪些景观要素能显著改变人体热舒适度和建筑物能耗。以地面粗糙度与风速的关系为例,光滑的地面铺装与风的摩擦力较小,因此可以提高风速;相反粗糙的地面铺装会因阻力增加而降低风速。尽管不同地面上的风速存在一定差异,但还未能影响人的热舒适度或建筑能耗,因此通常可以忽略这种差异。若景观场地中种植有高度在 40 cm 以上的草本植物而改变了地面粗糙度,试想当诸位坐在旁边休憩时是否会影响人体热舒适?

一排连续的常绿乔木会显著降低风速,进而影响人体热舒适度和建筑能耗。因此我们必须通过不断优化设计方案营造最佳小气候。

通过图解景观要素对风和辐射的影响机理,诸位将获得一系列有助于设计的信息,这是我们在日常设计实践中常常缺失的思考环节。但运用这些机理与知识要求我们在结合场地周边与内部状况的基础上因地制宜，一例一用。

将小气候理论与景观场地设计过程相结合有一套流程框架和方法（第九章）。借助它，其他技术也可与小气候和景观场地设计过程相结合（如雨洪管理设计或节约型景观设计等）。

最后，通过大量考察与评估不同设计案例的小气候，诸位将掌握不同小气候设计的应用效果，只要多加练习细心观察，就能不断接近“运用之妙，存乎一心”。

人行视角

第一章 理论框架

在户外我们每时每刻都身处于小气候之中，由于不同空间中小气候的差异，有时会感到舒适，有时候不舒适。我们本能地更愿意待在舒适的小气候环境中。诸位想想夏季校园中在高大乔木的行道树下与操场上的不同感受。

人们采用本土设计来营造小气候已经有很长的历史。那些成功的小气候设计很多仍然保留至今，分析这些案例的成功原因能够服务当下设计做到“与古为新”。

这些成功案例阐述了如下共性：(1) 在北半球供多季节使用的户外活动空间应朝南（南半球则相反）；(2) 悬挑结构在夏季可以挡住高角度的太阳辐射，而在冬季则可让低角度的太阳辐射照射至室内空间（思考我国古代建筑大屋顶的小气候作用）；(3) 在凉爽的季节或冬天，户外活动空间中应在盛行风向上布置挡风构筑物来降低小气候对场地使用者的困扰。试想在秋末或冬季一旦有冷风吹过，诸位是否会下意识地缩紧脖子？

图 0-4 人行视角

即进入场地实地考察，此时可详细观察场地的每一细节，包括具体的土壤类型与植物种类。对于在前三种调研方式中存在的疑问此时也可以通过对场地的观察而做到心中有数。通过在场地中的行走与思考能够发现更多实际的待解决问题以及解决方法，建立一种有助于后期方案设计的“在场经验”。

然而历史上这些成功的小气候案例也共同指向一个道理——不存在放之四海而皆准的设计规则（式），即有法无式。只有我们抓住了小气候设计的主要矛盾（空间的主要功能与主要使用时间）并合理运用设计原则（法），才能事半功倍地营造出舒适小气候。

第二章 大气系统

观察天气有利于我们认识小气候。中国四大名著之一的《三国演义》中就有很多富有启发性的案例，可以说理解与借助天气与小气候是杰出军事家的共同特点。在“官渡之战”“赤壁之战”“水淹下邳”以及“夷陵之战”等著名的战役中都可见军事家们对天气与小气候的深刻理解。

全球宏观天气系统形成于太阳能量和地球运转耦合作用，

后两者的可预测性也决定了全球宏观天气系统是可预测的,同时每个天气系统中也包含了一定可预测的天气特征。

当我们理解太阳能量和地球运动方式时,就能够判断设计方案对小气候的影响。太阳能量与地球运动方式的耦合作用有两个特点:(1) 地球倾斜于太阳导致南北极也呈倾斜状态,这意味着南北半球的季节相反;(2) 地球围绕着一条虚拟轴线自转,同时大气层并非紧贴地球,而是在重力作用下与地球紧密相连。风就产生于大气层与地球两者的不同步旋转。

因此我们可以认为地球的倾斜和旋转产生了地球上独特的天气系统。

气象学的研究对象是天气系统,而气候学则侧重于描述一整年或多年的天气特征。年均温度、夏季盛行风等都是气候学用来反映区域气候总体特征的指标。

第三章 小气候学与能量收支平衡

全球天气系统及其形成的区域气候属于宏观尺度,即在大尺度地表上具有相似天气状况的不同区域。

然而,某区域内的天气会在与其内部不同景观发生作用后形成独特的小气候。正如高密度城区中心、城市边缘区以及乡村三者具有不同的小气候。

例如,当一股西来且时速为 25 km 的风吹过某场地时,人们在场地内的不同位置会有不同感受,甚至人们可能会将其判断为由北而来且时速为 10 km 的风。这种由于景观异质性而形成的差异对于小气候设计具有重要意义,也是我们最终要实现的效果。

阐释景观要素如何改变小气候的方法有很多,能量收支平衡就是非常有效的一种。能量收支平衡即通过公式计算景观中不同能量流(包括太阳辐射、大地辐射、对流、传导、蒸发)的变化及其总和。

归根到底,景观中的能量来自太阳辐射。太阳辐射能量将进一步分化为不同能量流,如用于蒸发水分,或以长波辐射方式再次释放,或加热空气等。分化方式将显著影响形成的小气候,其取决于景观的表面特征、场地尺度、要素的位置和朝向、水体以及植物的大小、类型和生长状况等因素。

第四章 人体热舒适

小气候设计旨在创造满足人体热舒适的景观场地。

基于能量收支平衡原理,我们可以根据小气候中人体各能量流的总和来估算此时的热舒适程度。如果能量收支平衡方程的计算结果是一个较大的正值,即表明流入人体的能量远大于流出的能量,此时会感到过热;相反若为一个较大的负值,即表明流出人体的能量远大于流入的能量,此时会感到过冷。

而我们的目标恰恰是通过景观设计对场地的干预来创造能使人体能量收支平衡趋向于0的小气候,即流入人体的能量与流出相当的小气候。

虽然能量收支平衡方程能够精确计算不同能量流的消长,但我们在设计中采取的更集约的方法是抓住主要矛盾,即重点调控那些可以被显著改变的小气候要素,其次才是那些只能被轻微改变的小气候要素。

由于辐射和风较易被调控且二者对人体热舒适有显著影响,因此在小气候设计中主要围绕这两个要素来推敲方案。虽然空气温度和相对湿度对人体热舒适的影响也有很大,但通过景观设计调控它们却收效甚微,事倍而功半。

第五章 降低建筑能耗

降低建筑能耗是景观场地小气候设计中的另一重要目的。降低建筑能耗在1970年代的能源危机时期就尤为重要。在当下气候变暖的全球趋势与实现“碳中和碳达峰”以及生态文明建设等诸多国家战略背景下,利用景观场地小气候来降低建筑能耗具有重大的理论与现实意义。

与人体类似,建筑能耗很大程度也取决于周边景观小气候,也可运用能量收支平衡方程计算流入与流出建筑各能量流的总和。辐射和风同样是能显著影响建筑能耗的小气候要素,围绕这两个小气候要素进行合理的场地小气候设计能有效地降低建筑能耗。我国很多优秀传统民居能实现冬暖夏凉,其根源就是巧妙地通过建筑与场地设计调控辐射与风。

第六章　辐射调控

正如上文所述,辐射能显著影响人体热舒适和建筑能耗,通常可分为太阳辐射(由太阳释放)和大地辐射(由地表所有物体释放,包括人体)。

首先,需要了解如何通过景观场地设计分别调整这两种辐射;其次,通过对场地的分析评估确定何种辐射是影响人体热舒适的主要矛盾,这主要取决于场地的内部特征。

事实上,景观场地中所有物体都会影响太阳辐射,只是程度各有不同。以落叶树为例,它不仅在炎热的夏季能依靠树叶的阻挡作用降低到达地面的太阳辐射,并在冬季树叶掉落后让大量太阳辐射进入景观场地内部,达到改善夏冬两季小气候的作用。因此,落叶树是小气候设计中一种重要的景观要素。

但诸位还必须认识到树叶的凋落与否对辐射的影响并不是0与100%的差异。首先,在夏季有一部分太阳辐射(如肉眼无法看见的红外光以及紫外光)仍会穿透叶片;其次,在冬季树干和树枝也仍会阻挡一定的辐射能量。尽管树形多种多样,但根据数据统计在夏季透过树冠到达地面的太阳辐射量约为总量的1/4,在冬季则为3/4。或许这不太符合我们日常生活经验以及直觉判断,但它们确实客观存在,不以人的意志为转移。

大部分太阳辐射以直线形式进行传播,根据太阳高度角和简单的三角几何知识,诸位就可以估算景观场地中某一物体在不同时间形成的阴影。在方案设计时不断训练大脑具备像 SketchUp 一样生成日照与阴影图的能力十分重要,因为不同人群不同活动都对小气候有各自需求。

最后,景观要素所释放的大地辐射量取决于其表面温度并可以借助公式精确计算。

运用本章介绍的内容与方法能服务于我们在景观场地设计中调控辐射从而提高人体热舒适并降低建筑能耗。

第七章　风环境调控

风是另一种可被显著调控并影响人体热舒适和建筑能耗的小气候要素。请注意,由于空气湍流的存在,风的方向和速度都极其不稳定。这种不稳定性也导致我们无法精准计算风环境(这与太阳辐射量的可精确计算性恰恰相反)。空气湍流产生于风速(风速越大,湍流越强)与地表粗糙度(地表越粗糙,湍流越强)的耦合作用,即风速和地表粗糙度与空气湍流强度都成正相关。

与太阳辐射一样,绝大多数景观要素对风速和风向都会产生影响,其中位置与朝向的影响最为显著。

我们研究景观场地风环境的方式基本有两种。

第一种是运用流体力学法,先在风洞或水槽中建立一定比例的模型,然后模拟自然风环境并观测模型不同重要位置的风量与风向。我们不断调整设计方案就可以看到对场地风环境产生的不同干预效果。在低年级的日常设计教学中可以借助这种可视化的方法让学生较为迅速地建立设计方案与场地风环境的思维。

第二种是推演法,虽然使用方便但结果精准度较差,即将一般情况下测量得到的数据推演扩展到其他类似场景。例如,我们从学术文献中可以获取单排雪松周围的风环境实测数据,这些实测数据对于类似的场景就有重要参考价值。但由于参考场景与实际运用场景之间存在差异，推演扩展后的数据精准度必定有所下降。但这种方法的优点在于可建立不同场景的风环境思维模式。

风向与风速在不同季节与时辰都在发生变化，风通常在下午时最大，在清晨时最小。因此我们可以借助风玫瑰图（表示风在不同方向上的频率和强度）或其他图示法描绘某地的盛行风向以表征一年中风的总体趋势。

例如，根据苏州的风玫瑰图可以判断冬季盛行风为西北风，夏季为东南风。为提高人体热舒适和降低建筑能耗，冬季应在西北向布置风挡以降低风速。但在实际场景中还需结合主要使用时间与功能进行灵活布置，例如城市街区中的广场或户外用餐区。

借助本章介绍的原理和方法，我们可以调控景观场地中的风环境以提高人体热舒适并降低建筑能耗。

第八章　空气温度、相对湿度和降水调控

空气温度和相对湿度也同样对人体热舒适及建筑能耗有很大影响，然而对它们进行显著性调控却相当困难，因为空气强大的混合作用将使任何温度与湿度梯度差迅速消失。但是我们也会发现一些例外情况，如果场地内局部小气候与场地外盛行的大气系统呈现一定程度的隔离，那么此时对气温与相对湿度的调控就会产生显著效果，高密度城市建成区的口袋公园就是这种情况。回想曼哈顿佩雷公园的鸟瞰图，四周高层建筑的围合及公园内顶部树冠使场地内部空间几乎与周围街区盛行气候相互隔绝。同样，围合式花园也是运用相似的原理使其内部空气温度、相对湿度与周围具有一定明显差异。

降水也可以通过景观设计进行调控，但其调控方法与辐射和风不一样。同时，在人体或建筑能量收支平衡计算中我们很少会考虑这一部分能量的消长。由于降水通常对于景观使用者

是消极因素(人工喷泉或旱喷等主动形式例外),因此我们可以利用悬挑结构等非常直接的设计方法来调控它。

借助本章介绍的原理和方法,我们可以调控景观场地中的空气温度、相对湿度和降水以提高人体热舒适和降低建筑能耗。

第九章　在景观场地设计中结合小气候信息

掌握以下知识能帮助诸位优化景观现状或设计新方案:(1)小气候的影响机制;(2)景观要素对小气候的作用机制;(3)景观场地中小气候对人体热舒适和建筑能耗的作用。

能量收支平衡不仅有利于理解景观中不同能量流的消长,也可以用于评价不同表面材质、水体、风挡、悬挑结构对小气候的改善效果。

运用能量收支平衡方程能够评估方案阶段景观场地小气候对人体热舒适以及建筑能耗的改善作用,同时也可作为使用后的评估工具。

在方案设计阶段运用图式理解景观中辐射几何形态与风的流动有助于确定场地总体特征及不同景观要素的布局以及对局部特殊小气候的详细设计。

同样,确定目标场地的主要使用时间与使用方式有助于判断最适宜的小气候类型并确定如何高效利用现有资源来营造它。

例如诸位要确定某一网球场的位置与朝向,如果不清楚场地需要营造什么样的小气候,在方案设计时诸位就无法抓住主要矛盾来组织空间。因此首先必须分析人们打网球时的活动行为特征,打球者体内会产生的大量新陈代谢热量将显著影响热舒适。

其次,确定网球场地的主要使用时间。诸位大概能判断在北半球可能是春季、夏季或秋季。倘若没有灯光照明设施,那么就只能在日间进行。网球场地在一天中可能也存在使用强度最大的某个时刻,如综合球馆的晚上或是学校的白天。因此在设计网球场时可以根据活动行为特征并围绕特定季节及特定时辰来进行,而不用过多顾虑其他时间的小气候。这样就能化繁为简,抓住主要矛盾,聚焦于对人体热舒适产生显著影响的景观要素。

根据介入项目时机不同,诸位获得的场地数据(小气候数据)有时是服务于景观设计方案阶段,有时需用于景观优化提升,还有时是用于景观管理养护。

总结

本书旨在阐述小气候的广泛影响,包括探讨区域盛行天气与景观场地内部要素相互作用后产生小气候的机理,揭示小气候影响人体热舒适的方式以及如何通过景观场地设计创造更舒适、节能和愉悦的环境,解析历史上成功和失败的小气候设计案例其内在原因。本书简要介绍了大气随时间变化的原理、天气产生的原因和预测方法、小气候的形成机制,在此基础上结合景观场地设计解释了小气候要素调控的众多理论及其详细内容。

本书内容通过两种方式进行展示:(1) 翔实的论述为初次阅读提供全面的理论细节;(2) 对文中相关原则和概念内容加黑,快速定位后续阅读。通过阅读加黑部分,诸位能快速了解本书的结构和写作目的。通过阅读具体内容可以掌握景观场地设计所需的小气候知识。

在阅读新内容时,讨论部分将有助于形成更深入的理解。

本书每一章都包含一组思考问题,这有助于巩固相关概念并将所学知识应用于实际场景,有助于未来运用所学知识解决日常设计工作中的各种问题。

通过思考第一组问题诸位将发现其实运用自己的专业知识或生活经验就可以解决小气候设计中的很多问题。

思考

在继续阅读后续章节之前,请独立思考或小组讨论以下问题。这将有助于诸位尝试运用已有的小气候知识和直觉来解决问题。这些问题没有唯一的答案,只有更合理的解决方法。

1. 假设社区中有一幢新的但没有安装空调的高层公寓将投入使用,诸位有优先选房的资格,而一年中诸位在此居住的时段为立夏至立秋,诸位会选择哪间公寓,为什么?

2. 假设大一时诸位在选宿舍时抽到了第一顺位签,并且主要考虑每年九月到次年四月的居住体验,诸位会选择哪一间?为什么?

3. 假设诸位的家庭刚有小孩,计划购买一套新公寓并从医院搬回去调理身体,诸位在购买时会如何考虑公寓的朝向和方位,为什么?

4. 假设在一个天气炎热阳光强烈的仲夏日,诸位正准备步行上班,打开导航出现了两条路线,一条是两侧空旷且没有行道树的主路,另外一条是穿过社区公园有行道树的小路。诸位会选择哪一条作为常用线路?若第一条的路程相对短一点,诸位会怎么选?再如果第一条路线短很多呢?

5. 假设在一个天寒风大的仲冬日,有人邀请诸位去户外冰场滑雪,在查阅天气预报之后,什么情况下会答应去?什么情况下不会?为什么?

以上问题旨在引导诸位思考小气候对生活的影响以及如何根据小气候特点做出合理选择。在阅读本书的过程中,诸位将更深入地了解小气候的原理和应用,更好地在日常生活与设计实践中做出合理决定。

第一章 理论框架

■ **理解小气候有助于营造满足人体热舒适与降低建筑能耗的景观场地。**

1.1 引言

天气是我们日常生活中不可或缺的一部分。人类生活于大气层底部，由于大气不断在我们周围运动，因此可以想象这样一个画面，即空气和水分子时刻都在与我们的身体发生碰撞，太阳辐射和大地辐射时刻照射在我们身上。

我们出门前常常会先查看天气预报，判断它是否会影响我们的日程，是否需要更改规划的活动类型或衣物。同时，天气还会影响出行方式、人体热舒适以及建筑能耗。

人体对每个场所的“天气”都有不同的感受，即使处于同一公园，当诸位进入不同空间单元中会感受到不同小气候，有些会使诸位感觉到烦躁（如夏日无遮阴的停车场路面），有些则感觉到愉快（如夏日傍晚广场中的喷泉）。

1.2 定义

在介绍具体内容之前，我们需要先熟悉一些概念。

在重力的作用下，大气就像是一个完全包裹着地球的气泡，而天气就是某地某时的大气状况，可通过空气温度、相对湿度、风速、压力和辐射等指标来描述。

从学科上看,气象学是研究大气的瞬时情况,气候学则是研究某地区长时间内盛行的气象特征。从尺度上看,气象学和气候学可分为宏观尺度(>1 km)、中观尺度(100~1000 m)和微观尺度(1~100 m)三个层次。微气象学是研究小区域中的大气瞬时情况,而小气候学则是研究有别于整体区域的小空间范围内的盛行天气特征。微气象学和小气候学都可描述场地中由不同景观要素所营造的小气候。正如前文所述,公交车候车亭中的小气候与周围户外空间具有显著性差异。

从城市角度上看,小气候产生于不同城市区域下垫面的差异,如地形、土壤、植被、水体等,这些差异导致下垫面不同的能量收支平衡,进而形成各自的小气候。如城市广场作为城市开放空间的类型之一,也属于城市下垫面,其内部空间单元的异质程度决定了城市广场的小气候特点,形成了与周边街道或居住区不同的人体热舒适与建筑能耗,同时影响着人们对该空间的使用。

1.3 历史背景

小气候学是一门较新的学科。得益于计算机技术的更新迭代,人们能借助其强大的算力模拟大气环境变化,因此小气候学才有了较大的发展。但是由于较为昂贵的软硬件设备以及模拟操作的学习成本,小气候数值模拟还未完全普及,特别是在日常教学与设计实践之中。

小气候对城市户外空间的活力具有重要作用。在日常生活中,若户外空间的小气候不舒适,除非是必要活动,否则人们会自然而然地远离它们。相反,如果户外空间的小气候较为舒适,人们就能在保障身心安全健康的前提下获得更好的使用体验,该空间就具有更大的活力。诸位可以观察一下中老年人广场舞在哪些地方举行,那些位置大概率具有较舒适的小气候,因为

“在哪跳舞”是集体智慧的结晶。

回顾历史，人们主动改善小气候的现象由来已久，这或许因为人们是需要调控环境来营造更舒适的户外场地并降低房屋能耗。

历史考察发现在史前时期人们便开始学习如何为居所营造舒适的小气候。崖居就是其中一个典型例子，其舒适的小气候能使人在恶劣的环境中生存下来。

历史上人们也会在不舒适的环境中建造花园以供娱乐消遣，即通过设计周边环境营造小气候满足自身需求。显然这些案例在建造时并没有理论支撑，而是通过几代人不断地观察和试错而获得经验知识。

在所有古文明中我们都可以找到这样的例子。如我国民居理想环境的风水模式（藏风纳气之地）、黄土高原的窑洞、埃及围墙花园、古巴比伦空中花园以及罗马帝国中庭住宅，等等，都是通过改变小气候营造舒适人居环境的杰出案例。

随着殖民扩张，欧洲设计及其思想传播至世界其他地区，导致这些地区新建景观与建筑的设计丢失了本土特性而与当地气候产生冲突。其中一部分原因是生产力的提升降低了燃料价格使人们能更随意地追求形式而忽视其是否符合当地气候。但得益于有识之士的努力，即使不同设计风格和思想在世界范围广泛杂糅，那些优秀的本地传统设计依然被保存至今。

众所周知，任何设计方法都不可能放之四海而皆准。因此只要善于观察，诸位就能发现身边有诸多小气候较差的公园、广场、街道、居住区等城市人居环境，而分析它们为何失败同样能够让诸位受益良多。

同时也有许多景观和建筑设计非常契合当地气候。虽然它们的设计形式各有差异，但分析它们背后的内在机理可以提取共性的小气候设计原则和理念。

1.4 舒适的小气候设计案例

历史案例

悬崖居所(崖居)是古人成功创造宜居环境的案例之一,成功跻身世界文化遗产,在我国延庆、美国新墨西哥州、意大利南部及伊朗都可以见其身影。

得益于开凿在悬崖一侧,崖居让大量人口即使在恶劣环境中也能生存下来。例如在新墨西哥州,当地气候具有空气温度变化大,太阳辐射强且水源稀少的特点。悬崖的阻隔作用不仅降低了住宅里空气温度变化,又能在炎热的夏季阻挡角度较高且强烈的太阳辐射以降低洞穴的空气温度,还能在冬季使高度较低的太阳辐射进入内部以提升洞穴的空气温度(图 1-1)。这一巧妙的建造形式可能是源于人们长期观察太阳四季运动而得到的经验知识。此外,在新墨西哥州,沙漠中的地表水分会被迅速蒸发,而凉爽阴凉的悬崖洞穴却可以存住水。总之,崖居是一个古人巧妙利用环境经验知识的绝妙案例。

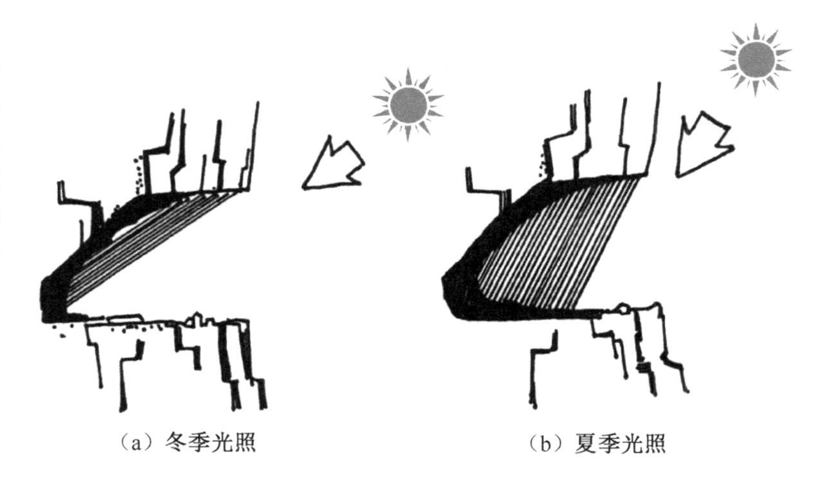

(a) 冬季光照　　(b) 夏季光照

图 1-1

许多早期文明的洞穴住宅朝向都能在冬季将角度较低的阳光引入室内(a),并在夏季阻挡角度较高的阳光(b),最终使住所实现冬暖夏凉的效果。

从悬崖居所得出的一些简易概念对当下设计具有重要意义。其与我国古建筑的大屋顶、华南地区的骑楼等体现了“天下百虑而一致,同归而殊途”的特点。

■ 在北半球,朝南的户外空间通常可满足多季节使用。

无论何时,朝南的住宅在天气寒冷时可将温暖的阳光引入室内。

■ 在南向设置遮阴悬挑结构能在夏季阻挡阳光并在冬季让阳光引入室内。

悬挑结构既可在夏季阻挡高度角较大的太阳辐射进入南向区域,又可在冬季将高度角较小的太阳辐射引入室内从而提高室内温度。

■ 我们同样可以通过分析建成案例来获取小气候知识。

如果有机会,请诸位注意观察身边的景观场地如何与所在地区的大气候发生作用并分析为什么会产生独特的小气候。不断地进行这类思维训练将会提升诸位的设计能力。

当代案例

当代也有许多延续了传统的小气候设计方法和经验知识的景观设计案例。加拿大奎尔夫大学一栋教学楼外的长椅休息区就是一个典型案例(图1-2)。由于这里的教学时间为九月至次年四月(秋季、冬季和春季),因此学校设施的设计目标是在这些季节中为学生们提供舒适的体验。长椅休息区全年都很舒适,夏天荫凉,春、秋和冬季阳光充沛、温暖舒适且风速很低,因此被师生们称为“日光浴场”。而该案例舒适的小气候无非就是运用上述基本原则营造出来的。

图 1-2
一年四季都很舒适的教学楼户外休息区。

1.5 不舒适的小气候设计案例

无法与本地气候特征相适应的案例古今都有，历史上那些小气候不舒适的案例早已被人遗弃或拆除，而当下那些小气候不舒适的设计也因无法给使用者提供愉悦体验而正在被抛弃。

图 1-3 中这个位于学校餐厅和大学教学楼群之间的休息区就是典型案例。它紧邻主要人行道，本是师生课间与饭后休憩的绝佳地点，能产生“看与被看”与“瞭望—庇护”的景观体验。它由一株落叶树、半圆多层台阶组成，本应是一个受大家欢迎的休憩空间，但实际上由于其非常不舒适的小气候而门庭冷落。

这个案例的主要问题在于朝向。首先，由于现状半圆多层台阶朝北，意味着太阳永远无法照到台阶上。因此人们坐在这里，一年中被晒到的永远都是后脑勺和脖子。其次，乔木在夏天无法为大家提供遮阴，冬天寒冷的北风还将直接被吹到人们身上。

图 1-3

虽然这个休息区有许多好的设计细节，但因其全年几乎都不舒适的小气候导致使用率较低。在冬季、春季和夏季，没有阳光能照射到台阶座椅上。冬天寒冷的北风还会径直吹向台阶内部。而在夏季，强烈的太阳光总是照射在人们的后脑勺和后背。归根到底它的朝向是错的！

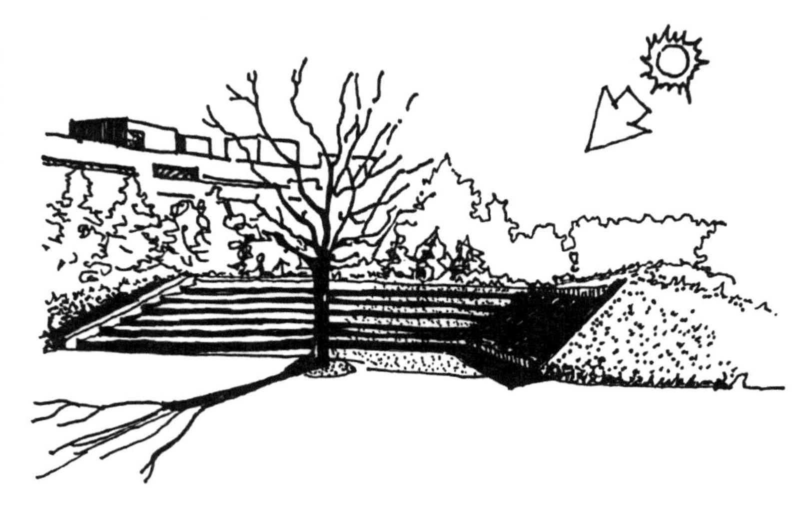

■ **在凉爽或寒冷季节时，户外空间需要在盛行风向上布局遮挡。**

如果户外空间的主要使用季节不是夏季，则必须在盛行风向上布置遮挡。盛行风即一年中风量最多的方向，如苏州的盛行风向在冬季为北风和西北风，在夏季为东南风。

■ **失败是成功之母，通过分析那些失败的小气候设计案例，我们同样可以吸取非常多的教训。**

与分析成功的小气候设计案例一样，诸位不断尝试实地考察分析那些失败的小气候设计案例背后的原因，就能在后续的实践规避错误，不断提升自己的设计能力。

当我们结合前文的设计原则可以得知，此半圆形台阶休息区的改造做法是将其调整至朝南并在台阶最上层群植灌木，为在此休憩的人们阻挡冬季北来的寒风（见图 1-4）。

图 1-4

通过调整朝向与增植灌木可使图 1-3 中的小气候变得更舒适。常绿灌木可阻挡冬季北来的寒风，落叶乔木既能在夏天遮阴，又可让冬日阳光照射在人们身上。

1.6 延伸

当然，任何原则都有例外。就户外生活空间应朝南这一原则，假设要设计一个主要用于早餐的户外阳台，那么此时朝东比朝南更好，因为在早上朝东的阳台能获得更多阳光。假设大学里要新建一个露天餐吧，鉴于其营业高峰时段为傍晚至夜间，则朝西比朝南和朝北更合适，因为朝西的露台在下午能获得更多阳光。

■ 因此在决定任何小气候设计之前，必须先明确目标场地的主要用途及其使用时间。小气候设计需处理的主要矛盾，即满足场地主要用途及主要使用时间，而其他时间为次要矛盾。

假设某户居民要在住宅旁新建一个户外露台而咨询该如何布局。经过上述学习，诸位或许会下意识地回答道："南边！"

然而在实践中只考虑朝向是远远不够的。若仅将露台布局在住宅南侧，却没有进一步设计顶棚、植物或风挡，那么最后露台的小气候可能会非常糟糕。试想该露台在阳光强烈的夏天时会非常热，在刮风的冬天中又会非常冷，此外在春秋两季也很可能感到太凉。除了顶棚、植物、风挡之外，要营造出舒适的小气候还需考虑其他相关信息。

对于在寒冷季节需遮挡盛行风这一设计原则，假设位于冬季降雪地区的某户人家想在住宅旁新建一个停车及入户区域并询问该如何设计。若诸位的建议是尽量降低风速，那么该区域在冬季可能会非常舒适，但同时也将增加此处积雪的概率而给业主带来铲雪的困扰。但如果换个角度思考这个问题，即人们并不会在该区域停留太久，那么诸位可能会采取截然相反的设计手法，即提高风速降低该区域积雪的概率。业主为免除铲雪所付出的一点代价就是降低此处的小气候舒适度，因为该区域可能会太冷。

■ **通用的设计手法并不总是奏效。因此要紧紧围绕着设计目的并仔细推敲实现该目的所需的设计手法。**

1.7　总结

本章介绍了一些小气候设计的基本概念。即使已经掌握了这些设计概念和原则，但在实践时仍需谨慎推敲。继续阅读后续章节，诸位将逐步理解对于这些概念和原则来说，何时是一般情况和特殊情况。

1.8　思考

以下是思考题，它们没有绝对唯一的答案，只有更合适的答案。请独立思考或小组讨论，这将有助于诸位思考本章涉及的和其他典型设计问题。在后续回顾时，看看诸位的设计能力和处理问题的信心是否得到提升。

1. 假设要设计一个适宜吃晚餐的室外露台，需要知道哪些关于场地现状和用途的信息？诸位对甲方有何建议？

2. 如果朋友请诸位帮她在后院中选择一个菜园的最佳位置，诸位需要哪些信息？什么因素对于决定位置是最重要的？

3. 如果想要确定城市综合型公园中网球场的位置，需要什么场地和活动信息来协助判断？除了考虑运动员和观众，还需要考虑什么？

4. 假设下周六诸位要去城市综合型公园游玩。在这之前，诸位需要知道什么信息？为什么？相对于天气预报，公园的场地设施情况重要吗？

5. 如果A夫妇想在庭院里设计一个露台并要保证A夫人在露台上能看到花园里的丈夫。A先生已经去图书馆收集了过去五年的气象信息，包括年平均气温、主要风向和风速、相对湿度和降水等，同时还有接下来5天的天气预报，诸位将如何使用这些资料？

第二章 大气系统

2.1 引言

如果没有经过长时间观察，诸位通常会认为风和天空的变化是无序的，但实际上宏观尺度的大气变化具有规律并且天气的出现也遵循着一定的序列。天气序列深刻影响着人们的日常生活，包括衣着、出行工具与目的地等。

通过总结某地区多年的天气数据，我们能确定该地区的大气候。而不同区域内的下垫面与大气候相互作用后形成各自独特的小气候，这正是我们所关注和营造的对象。

2.2 太阳能量

■ 地球在宏观尺度上的两个特点（形状与倾斜自转）可以解释太阳能如何驱动全球天气。

诸位想象一下，一只手拿着篮球，另一只手拿着手电筒来模拟地球和太阳的关系（图 2-1）。如果手电筒直接照射在“赤道”上[图 2-1(a)]，圆形光斑将照亮“热带区域”；如果将手电筒倾斜，虽然光线能够照到“极点”，但此时光斑会变成椭圆形[图 2-1(b)]。联系日常生活，这就像正午、早晨或傍晚照射在地上的太阳。

对于以上两个场景，虽然手电筒发射了一样的光量，但第二

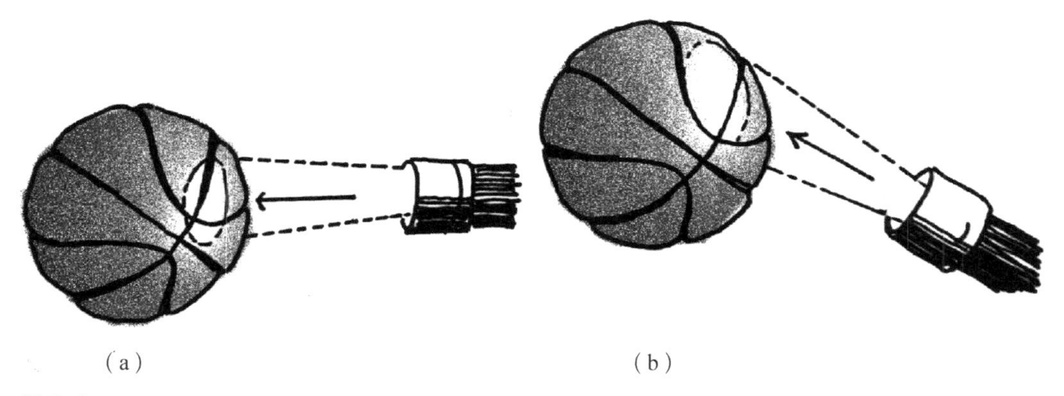

图 2-1

利用篮球和手电筒模拟地球与太阳的关系。当灯光直接照射到篮球中央(赤道)时,灯光强度较高(a),当灯光照至两极时,光斑变大的同时光强变低(b)。

个场景照亮的区域更大,所以椭圆形光斑强度小于第一个场景的圆形。同理,照射到地球两极地区的太阳光量比赤道少。

太阳光垂直照射在大气顶部,将产生相当于 14 个功率为 100 W 的灯泡聚集在 1 m^2 的电路板上所释放的能量,即 1400 W/m^2。由于地球的倾斜,当太阳光从赤道向两极移动时会照射到更大区域。因此纬度 40°地区的能量将减少至 1000 W/m^2,而纬度 80°地区则将减少至 250 W/m^2,即越靠近赤道的地区越热,而越靠近两极的地区则越冷。稍后我们会详细讨论热量的梯度变化如何演变成宏观尺度下的季风系统。

请注意大气层只会吸收少部分太阳辐射,而大部分的太阳能量将直接照射至地球表面。

■ **大气的加热方式为自下而上。**

接下来想象另一个实验,我们所需的道具是一颗用牙签将两端对穿的葡萄以及一个放置在桌子中间的光源(图 2-2)。如果将牙签的“南极”放置在桌子上[位置(a)],然后将“北极”向

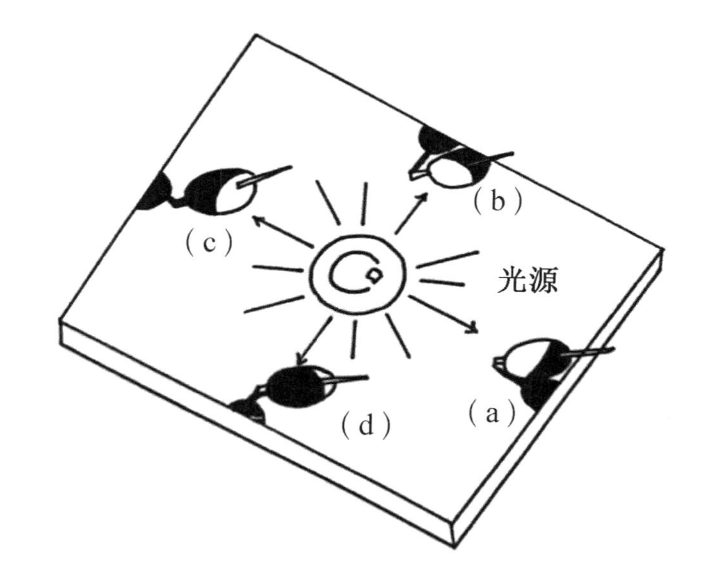

图 2-2

将穿有牙签的葡萄围绕着中心光源移动就可以模拟地球绕着太阳公转。在位置(a),地球向远离太阳的一侧倾斜,此时北半球处于冬季。若围绕光源移动则北半球的(b)春天、(c)夏天和(d)秋天将陆续出现。

远离光源的水平方向上倾斜四分之一(垂直倾角大约为 23°),就可以模拟南半球白天最长或是北半球白天最短时的日子,即冬至日(12 月 21 日左右)。

这一天太阳光会垂直照射至南回归线(南纬 23°)。若我们转动牙签模拟地球自转会发现热带和中纬度地区有昼夜轮替,而南极始终是白昼,北极却始终是黑夜。地球的不均匀受热在冬天更明显,并且进一步加剧了大气混合流动,因此冬季全球风系统比夏季更活跃。

将牙签继续移动四分之一圈同时保证倾斜角度不变[位置(b)],该位置可模拟地球的春分点(3 月 21 日左右)。此时太阳光将直射地球赤道且只能勉强照到两极区域,因此当诸位转动牙签时会发现所有地区的昼夜时间都相等。

进一步将牙签移动四分之一圈同时保证倾斜角度不变[位置(c)],该位置可模拟地球的夏至日(6 月 21 日附近)。此时北极将出现极昼,而南极将会出现极夜。由于赤道到极点的能量坍塌在南半球表现得更显著,所以此时南半球的风系统运动最为激烈。若继续移动四分之一圈[位置(d)],就到达了秋分点(9月23日附近)。继续将牙签移动四分之一圈就会返回12月21日附近的冬至点,至此整个季节变化就结束了。

■ 地球在倾斜的自转轴上围绕太阳公转而产生了季节变化。对于处于冬季的半球,从赤道到极点的能量递减更为显著,因此冬季气温更低且风系统的运动更为剧烈。由于地球的运行轨道是确定的,因此我们可以准确预测太阳在天空中任意时刻的位置。

受地球形状和倾斜自转的影响,气候变化与太阳的循环运转关系密切,因此在景观场地小气候设计时要时刻保持对太阳运行轨迹的关注。

气团

如上文所述大气的加热过程为自下而上,由气泡云表征的空气垂直运动可使热量上升至距离地表高度10 km的对流层区域,该区域的气温随着高度的上升而下降。四分之三的大气层都属于对流层,可见其易受人类活动影响。

由于超过90%的地球水蒸气都在对流层内,而水蒸气从气态、液态到固态的转换形成了云和降水,因此我们可以认为"天气"蕴含在对流层中。

能量的坍塌使两极上方的"空气团"变冷,好似两个巨大的蓝色果冻倒扣在地球的上下两端。为了便于大家理解,我们可以把对流层中的热空气想象成从中纬度地区飞溅到果冻上面的红色樱桃汁(图2-3)。果汁和果冻接触的地方就是全球主要的"锋面",即冷暖空气团在接触区域不断地推动彼此的现象。

锋面区域的运动时而激烈时而缓和。通常情况冷空气团在冬季会扩大而向赤道运动,在夏季则向极点收缩。后续内容将会深入阐述锋面区域的细节。

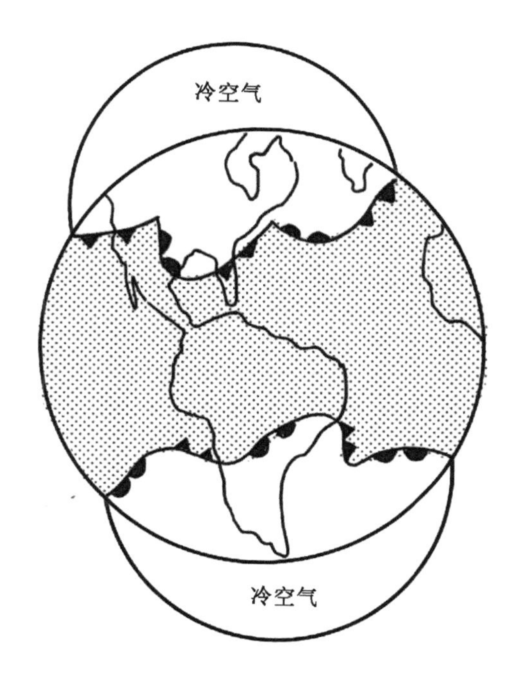

图 2-3

冷空气团像果冻一样倒扣在地球两极，其余地区则是暖空气。冷暖空气接触的地方就是全球的“锋面”区域。

■ 气团和锋面的产生原理：由于地球上接收的太阳能量从赤道向两极坍塌，因此两极上空产生了巨大的冷空气团，而低纬度地区产生了热空气团。冷热空气团在接触面互相推动彼此，该接触面就是全球气候的“锋面”，也是导致中纬度地区天气多变的主要原因。

2.3 全球大气环流

正如我们初中物理学过的布朗运动，大气热能在水平方向的不均匀分布会引发大规模的混合运动而产生大型空气涡旋（以下简称大气涡旋），尤其是在冷热空气团相互接触的中纬度地区。

由于大气涡旋的运动比太阳移动更随机，因此我们无法像预测季节和阴影那般准确预测天气。但天气自身一定的规律性依然体现着它的循环性。因此一旦我们掌握了天气循环性就能在一定程度上预测天气的变化,就能让我们的设计方案更加有效合理。

在气象卫星图上,我们可以看到距离地面约 1000~3000 km 高处的大气涡旋。在气象地图上,科学家们通过绘制等压线来追踪涡旋动态,即将具有相同气压的点连起来,其原理和等高线的绘制相同。等压线形状好似国宝大熊猫的眼圈,其中间标注了高气压(H)或低气压(L)。多变的天气常与低气压有关,而非高气压。

仔细观察所在地区的大气涡旋,诸位将会发现低气压常常意味着"风雨天",而高气压则意味着"大晴天"。结合多个气象图会发现高低压大气涡旋通常从西向东移动,这是因为大气层上方的强风(急流)带动着其下部的大气涡旋向东漂移。我们将在后文更详细地阐释典型的压力系统,尤其是风的运动模式。

2.4 高压和低压大气涡旋

图 2-4(a)展示了低气压大气涡旋的运动方式,空气像内旋的纸风车沿着巨大的圆圈进行逆时针旋转。如果没有气象知识,我们可能直觉地认为空气就像车轮的辐条一样径直吹向低气压区,但是事实证明地球自西向东的自转使空气团偏斜了一定角度。日常生活中的一个现象可以直观地展现这个道理:当诸位把厨房的水槽装满水,然后打开排水口,到最后水流形成的内旋就是低气压大气涡旋的运动方式。

如果诸位想了解更多有关地球自转对风的影响,可以查阅任何一本介绍气象书籍中关于"科里奥利(Coriolis)"的内容。伟大的工程师和数学家科里奥利(1792—1843)首次解释了地球自转对风的影响。

向低压区域中心旋转的空气最后如何运动?由于它不可能

通过地面逃逸或消失，因此向内螺旋的空气最后会缓慢上升漂移，在这个过程中空气压强逐渐降低并向外扩散，伴随着降温最终冷凝成云和降雨。

■ **天气的不稳定与空气的上升过程有关。**

图 2-4(b) 展示了高气压大气涡旋向外顺时针旋转运动。在高气压大气涡旋中空气不断从地面附近涌出，那么这些空气又是从哪里来的呢？诸位可能已经猜到高气压大气涡旋必然伴随着空气缓慢向下移动并最终产生压缩现象。因为越接近地面压力越大，而压缩产生的少量热能会阻碍冷凝过程，即云和降雨的形成。

图 2-4(a) 低气压大气涡旋表现为风的逆时针内旋（北半球），(b) 高气压大气涡旋表现为风顺时针外旋（北半球）。

图 2-4

(a) 为一个北半球典型低气压大气涡旋的运动方式，即风向为逆时针向中心地内旋运动。(b) 为一个北半球典型高气压大气涡旋的运动方式，即风向为顺时针远离中心地外旋运动。

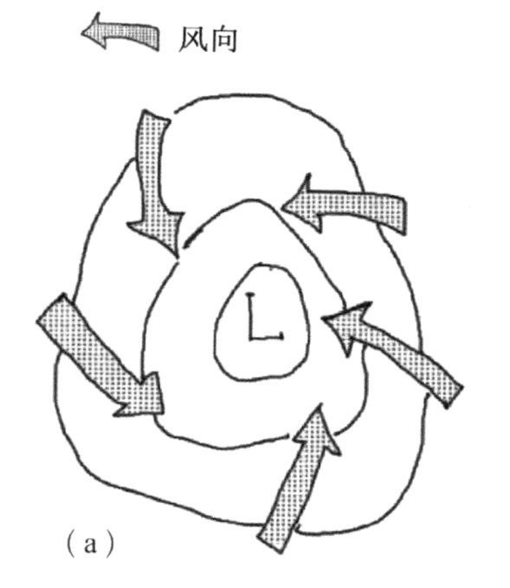

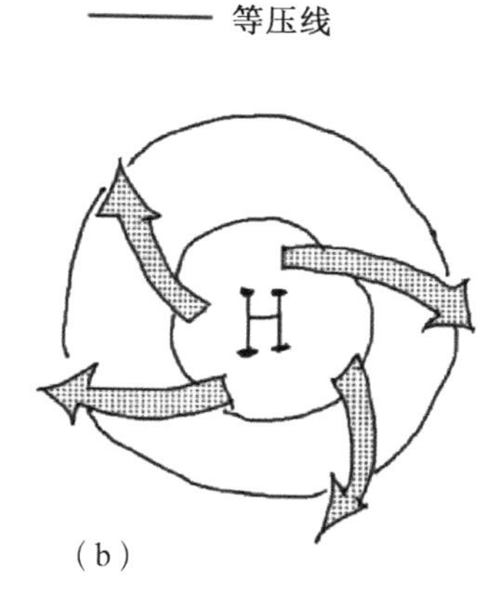

■ **由于近地面的逆时针内旋涡旋驱使上方空气向上运动，并且在上升过程中扩散变冷最后形成凝结和降水，因此低气压地区通常会出现暴风雨。相反，由于顺时针外旋涡旋向下运动至地表附近，外旋抑制了该区域云的形成，因此高压地区的天气更加平稳。**

2.5 风和锋面

上文已经初步阐释了高低气压大气涡旋与恶劣天气之间的关系。回顾我们刚建立有关高低气压大气涡旋的运动过程，气压下降预示着一个自西而来的低气压大气涡旋。空气向下内旋至地表附近后将向上垂直运动，在上升过程中变冷并凝结形成云和降水。相反，当高气压大气涡旋临近时，在空气向下外旋运动的过程中伴随着气压的升高从而抑制了云层的形成并在一段时间内出现晴朗天气。

■ **气压在方向和速度上的变化被称为气压趋势，它比气压实际值更能准确预测天气。**

众多研究发现气压趋势的变化往往不是缓和的，尤其当一个强烈的低气压大气涡旋经过时。在稳定的天气系统中气压的迅速下降意味着气压趋势的到来。在从凉爽东风转变到温暖南风的过程中常会将水蒸气带出气压趋势，只有当温暖南风明显转变为较冷的北风时，气压才会恢复，同时其强度会得到提升。

风向、气压和温度的相应变化是冷暖空气团在锋面结束碰撞的表现。大气涡旋是由向南运动的冷空气团和向北运动的暖空气团互相搅动形成，接下来我们将更深入地讨论锋面的具体情况。

在一个典型的低气压大气涡旋中靠近地面的风可以看作是由三股气流组成[图 2-5(a)]。首先,伴随着气压的急剧下降,凉爽气流从东向流入;其次,气压逐渐下降的暖气流从南向流入;最后,气压不断上升的冷气流从西北方向流入。

回想一下之前我们将南北极上空的冷空气团比喻成倒扣的果冻与热带区域的暖空气相互碰撞。图 2-5(a)是图 2-3 中冷暖气流交锋线上某一位置的放大情况。低气压大气涡旋将西北方向寒冷的极地空气拖拽出来形成了冷气流,并在西侧与暖气流发生碰撞[图 2-5(b)]。由于两者之间巨大的温度和密度差,冷气流将蛰伏在暖气流下方,暖气流在此碰撞区域内持续上升,最后通常将形成暴雨甚至雷雨。在低气压大气涡旋自西向东运动的过程中,将有一股高速的风会转变成冷气流,因此称其为冷锋。

由于东侧的凉气流没有携带太多极地冷空气,因此当暖气流与凉气流的南侧碰撞时,只有在少数情况下会因足够的温差而形成锋面[图 2-5(c)]。

当两者温差达到一定程度,暖气流会滑动到凉气流上方而形成云和降水。暖气流向冷气流方向移动并逐渐占据原冷气流的区域称为暖锋。

在一个强劲的低气压大气涡旋中,西侧冷气流和东侧凉气流都与暖气流发生剧烈碰撞而形成两个锋面,二者形成的云和降水都可以在卫星图上清晰地观察到。

在高气压大气涡旋中向外旋转的气流将涡旋边界从中心向外延展。强风暴过后高气压大气涡旋通常被挤压进极地空气中。在此挤压处,高气压大气涡旋东侧凉气流与低气压大气涡旋西侧冷气流相混合,同时其西侧与后一个低气压大气涡旋的东侧凉气流相混合。

现在我们可以对大型低气压和高气压大气涡旋与极地冷空

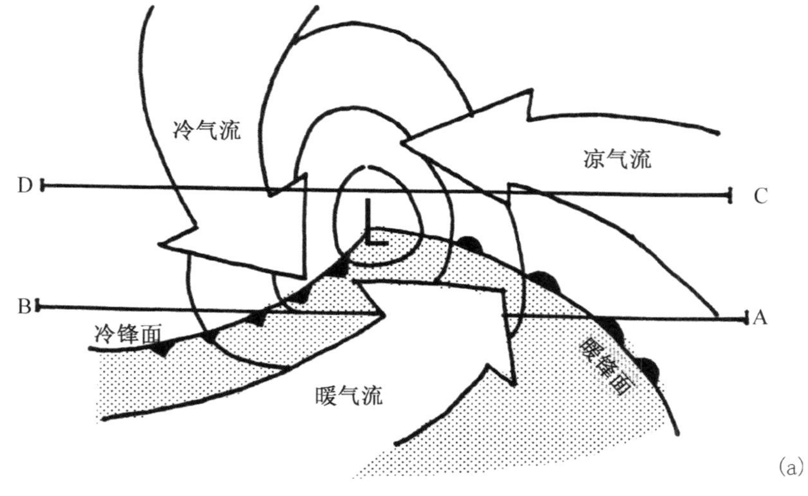

图 2-5

(a)在低气压大气涡旋中有三股气流:东向凉气流、南向的暖气流和北向的冷气流。冷气流和暖气流之间是“冷锋面”,凉气流和暖气流之间是“暖锋面”。A—B 线和 C—D 线是上文所讨论的通过该大气涡旋的两条路径。

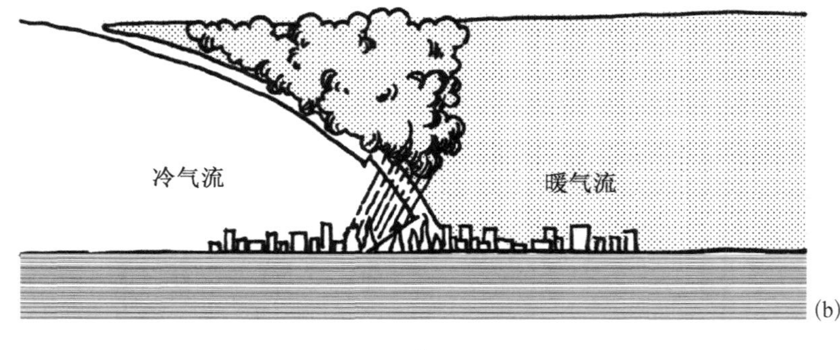

(b)冷锋面的立面图,冷气流在下方推动暖气流上升并形成云和降水。

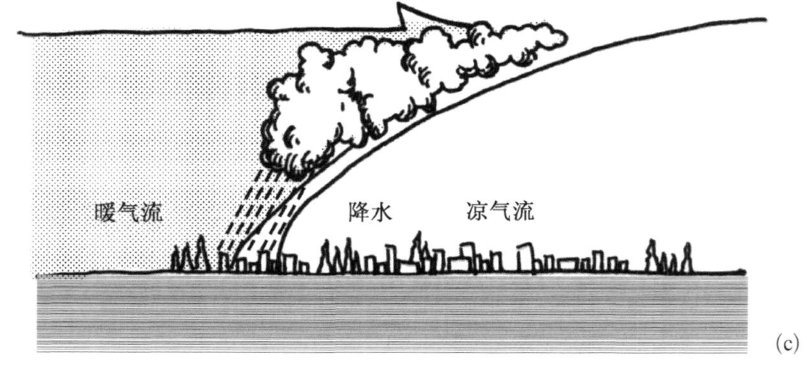

(c)暖锋面的立面图,暖气流浮动到较凉气流的上方。虽然两者的交锋不如冷锋面激烈,但是也可能形成云和降水。

气和热带暖空气发生碰撞而形成锋面,以及锋面如何导致的中纬度地区多变的天气有一个整体的了解。

■ 低气压区域中大气涡旋的内旋上升常伴有暴风雨。地球形状和倾斜地自转导致的全球热量的不均匀分布,从而形成极地冷空气团和热带暖空气团。任何具有温度梯度的流体系统都会产生搅拌机制以将其消除。在大气层中搅拌机制进一步在对流层下部生成巨大且不断移动的高低压大气涡旋。

虽然这些涡旋无法完全消除极地和热带地区间的温度差,但它们无休止的运动形成了多变的天气,且受对流层上部自西向东流动的空气所牵引。因此我们总是在观察西边大气涡旋所带来的天气变化。

高气压大气涡旋中外旋的下沉空气将涡旋边界从中心向外延展,从而减少了云和降雨的形成。相反,低气压大气涡旋中内旋流入的空气到地面后螺旋上升,在上升过程中空气温度不断下降形成云和降水。低气压大气涡流内旋运动加剧了极地冷气流和热带暖气流在冷锋面的碰撞,导致暖气流上升形成恶劣天气;如果暖气流与通常出现在最低气压点东侧的凉气流剧烈碰撞,则暖锋面也会出现恶劣天气。

当已形成冷锋面和暖锋面的低气压大气涡旋向北方移动时,随之而来的天气变化就如图 2-5(a)中的 A—B 线所示。在东侧凉气流 A 处云层将增厚且气压下降,随着暖锋面的靠近很可能出现降水[图 2-5(c)]。但随着暖锋面通过,降水会减少且凉气流将转变为温暖南风。经历一段时间的暖气流后,冷锋面将伴随着恶劣的天气席卷而来[图 2-5(b)],然后西北面的冷气流呼啸而至,且气压会快速升高。当低气压大气涡旋过境之后,气压上升且天气会在大气涡旋到达 B 点后趋于平稳。

当低气压大气涡旋向南方移动,天气变化如图 2-5(a)中的 C—D 线所示。随着涡旋到来,东侧凉气流会导致云层和降水的形成。随后冷气流将使风向逐渐转为西北风。在此过程中,位于锋面南侧的暖气流较为平静。最终气压上升且天气在大气涡旋到达 D 点后趋于平稳。

这种天气变化会周期性重复出现,有时变化剧烈,有时变化轻微。只需稍加观察,诸位便能像受过训练的音乐家能听出交响乐中重复出现的音乐主题一般发现这些规律。拥有这种理解天气变化的能力对小气候设计大有裨益。例如在项目现场工作过程中诸位观察到冷锋面即将到来,就可以收工撤退,另择吉日,对于选择举办各种项目活动或路演的日期也会驾轻就熟。最重要的是掌握天气变化的原理能让设计师更好地利用与项目有关的各种气候数据来优化方案。

2.6 气候

上文介绍了高低气压大气涡旋的周期性循环如何形成天气系统。尽管循环具有规律性,但由于速度和强度的持续变化导致天气变化仍难以准确预测。因此将一段时间内的天气状况统计为系列气候数据并发现其规律是一种更便捷的天气预测方法。官方气候数据的时间跨度通常为 30 年并且需要每十年更新一次。

表 2-1 展示了三个位于高、低压不断转变的中纬度地区且相隔远较的气象站所采集的空气温度数据。这三个气象站分别位于不同纬度但都受锋面影响的区域:苏州、哈尔滨和雅库茨克(位于俄罗斯)。

表 2-1 苏州、哈尔滨以及雅库茨克月平均温度以及全年平均温度

单位:℃

城市	一月	二月	三月	四月	五月	六月	七月	八月	九月	十月	十一月	十二月	年平均
苏州	3.5	4.6	8.9	13.5	17.7	22.9	25.6	24.9	19.6	14.1	8.7	4.4	14.1
哈尔滨	−18	−13	−4	7	15	22	23	22	16	7	−5	−15	5
雅库茨克	−39	−34	−20	−5	7	16	19	15	6	−8	−27	38	−9

通过分析三地温度数据能判断它们如何体现上文所述的关于高低气压大气涡旋以及天气变化的原理。首先，当太阳在夏季向北移动，北半球城市接收的太阳能量将增加，因此三地全年中夏季的平均气温最高。其次，在夏季冷空气团向两极收缩，低气压大气涡旋的锋面随之向北移动。由于最南的苏州气象站长时间处于暖气流中且未受冷空气干扰，因此其平均气温最高。

其次，在冬季北半球城市接收的太阳辐射将减弱甚至消失的同时伴随着冷空气团南下，雅库茨克会持续笼罩在寒冷的“果冻”中。而由于受剧烈锋面碰撞形成的寒冷天气影响，哈尔滨正在经历严冬。此时最南的苏州受极地冷空气影响最小，因此其冬季空气温度最高。

我们同样也能从一组风速数据中判断不同气流的作用。表 2-2 展示了加拿大安大略市气象站的采集数据。从年平均值来看该地的盛行风主要为西南风、西风和西北风，因此可以说该地位于“西风带”中。结合上文阐述的三股气流分类，从年平均值可知这个气象站有三分之二的时间都处于暖气流或冷气流中。

从月数据中可得一月主要为西北风，七月主要为西南风，这说明该地在冬季受冷气流影响，夏季则受暖气流影响。尽管所有中纬度地区都具有类似的风环境特征，但如果项目场地周围存在面积较大的水体则可能会对场地内部产生特殊影响。

表 2-2 安大略市 30 年内所有风向的频率、一月风向频率以及冬季风速超过 10 m/s 的风向比例

单位：%

指标	北风	东北风	东风	东南风	南风	西南风	西风	西北风	静风(参照值)
年平均值	6	4	10	11	11	16	17	14	11
一月平均值	5	3	9	9	12	17	18	24	3
七月平均值	6	5	11	12	10	22	18	12	4
冬季风速>10 m/s	2	1	24	2	8	19	31	13	0

2.7 具体气候数据

气候数据反映全球高低气压大气涡旋及其不同气流和太阳在南北回归线间往复运动的耦合作用。然而，宽泛的平均数据对景观场地小气候设计没有太大意义，真正能起指导设计的是精度更高、更具体的气候数据。

- **具体气候数据往往需要从气象部门或机构单独获取。**

例如上文住宅前停车场和入口区域设计对降雪的考虑就需要具体气候数据。表 2-2 列出了近 30 年一月份八个风向的平均风速。从表中数据可以判断设计师需在西侧布置遮挡以降低风速。根据研究表明当风速达到 10 m/s（表 2-2 中第四行）时，雪会被吹动。此时我们要解决的难题是不仅要阻挡低气压大气涡旋西侧冷气流形成的凛冽西风，同时还需阻挡冬季暴风雪前夕低气压大气涡旋东侧凉气流形成的强劲东风。但从普通的平均数据中并不能发现还需考虑东侧强劲的凉气流。

当要设计一个在夏季高温天气中仍具有热舒适的户外露台，我们就需要具体的气候数据，比如最高气温大于最多使用月平均最高气温这几日午后的风向。因为我们想利用这些风形成的降温作用。根据上文关于三股气流的论述，这些天应该是在西南方向暖气流到达之前。但在实际项目中，我们还需要深入结合设计场地周边情况研究具体的风向，因为场地内部气流还会受到周边湖泊、山谷、海拔以及建筑群的影响。

下一个例子，请思考如何合理地设计景观场地以延长公园秋季的使用时间。此时需要获取的数据是当气温低于平均值时和阴天时的风向。通过识别这些风向以阻挡冷空气，提高人体热舒适度，延长场地秋季使用时间。扬弃不聚焦的平均数据，获取针对性的具体气象信息是生成合理的小气候景观设计方案的关键。

■ 景观场地小气候设计中需仔细推敲的地方常常在于如何加强或抑制那种含有一种或多种气流的天气情况。这些气流伴随着高、低气压大气涡流的移动而出现。常见的气候数据是将凉、暖、冷三股气流到达和离开时进行平均处理，却忽略了极端天气情况。为实现景观场地小气候设计达到最佳效果，设计师需要明确对场地影响最大的天气情况，例如当温度达到某一临界值时各风向的频率。相较于常见的气候数据，这类具有针对性的具体数据能让设计师有机会更深入地推敲与优化方案。

2.8 思考

1. 假设一个小孩儿问："人们是如何预测天气的？"诸位会如何回答？

2. 假设诸位和小伙伴正乘坐独木舟在野外游玩，他们知道诸位已经阅读过本书并让诸位看看天象预测一下天气。到了傍晚在搭建营地时，天吹东风并且云层逐渐增多，小伙伴问诸位第二天早上天气如何？而后，在湖边钓鱼时天气变得湿热、西边开始变暗还伴随着雷声，小伙伴问诸位怎么回事？明天天气如何？

3. 回顾第一章中关于公交车候车亭的例子。什么样的天气系统、风向、气温、气压趋势在影响这个地方？除了公交车候车亭，诸位还能想到什么其他景观空间可以暂时躲避恶劣天气？这些景观空间的位置和朝向有何讲究？

4. 请列出为完成以下项目所需要的具体气候数据：

- 设计一个室外剧场；
- 改造一个开敞的公交换乘站；
- 设计游泳池的周边景观。

第三章
小气候学和能量收支平衡

■ 当某一景观场地与所处地区的大气候发生相互作用后场地内就会形成独一无二的小气候。借助小气候能量收支平衡分析，我们能更为深入地理解景观设计如何影响场地内的能量流动。

3.1 引言

我们已了解宏观气压系统（特别是高低气压大气涡流的全球运动）循环往复的综合作用如何创造出各地区的大气候。而景观场地与所处地区大气候在相互作用后会产生独特的小气候。地区大气候和场地小气候间的差异正是小气候设计所要达到的效果，而大气候是营造小气候的背景。

本章聚焦于深入解析大气与景观要素相互作用的过程。当诸位掌握了本章的知识点后就能自信地利用景观场地小气候设计来实现项目目标。

以下是关键的知识点：

■ 能量是小气候分析中的关键。

■ 场地小气候主要取决于太阳辐射能量的消耗，其途径包括：（1）空气对流；（2）蒸发；（3）小范围内物体的加热。

我们无法让那些不利于我们的能量消失，正如人们在夏天不喜欢太阳辐射，但是：

■ 我们可以阻挡或传递辐射能量以调整其在消耗途径中的比例。

■ 我们有可能调整场地中辐射能量、风以及能量分配比例，但因为风会将空气和水分子高效混合，因此难以调控空气温度和相对湿度。

当诸位在夏天手持温湿度仪在校园中行走，穿过开阔的草坪、茂密的树荫和炎热的停车场，会发现在这些空间中“感受”到的小气候差别远大于温湿度仪上的差值。归根到底这产生于不同空间中辐射和风这两者能量的差异。因此即使我们对空气温度和相对湿度的调控能力有限，但依然能够营造舒适的小气候。

除了辐射、风、空气温度和相对湿度以外，我们还可以改变场地的遮蔽度来调控降水，但需注意的是遮蔽场地同时也会影响辐射能量和风。小气候各元素间相互影响，而能量则是将这些元素混合在一起，即整合不同特殊要素的一般共性，并实现小气候设计目标的关键因素。

3.2　太阳辐射

接收的太阳辐射能量

正如上文所述太阳辐射是小气候的驱动力，其波长大致呈钟形分布，可分为三部分（图 3-1），即紫外光、可见光和红外光。

第一部分为紫外光，其波长最短，肉眼无法看见，在达到地球后大部分被平流层中的臭氧过滤或吸收。人类活动排放的氯氟烃等化学物质导致臭氧层不断减少使到达地球表面的紫外光在逐渐增加。因为紫外光辐射会增加皮肤和眼睛疾病的患病

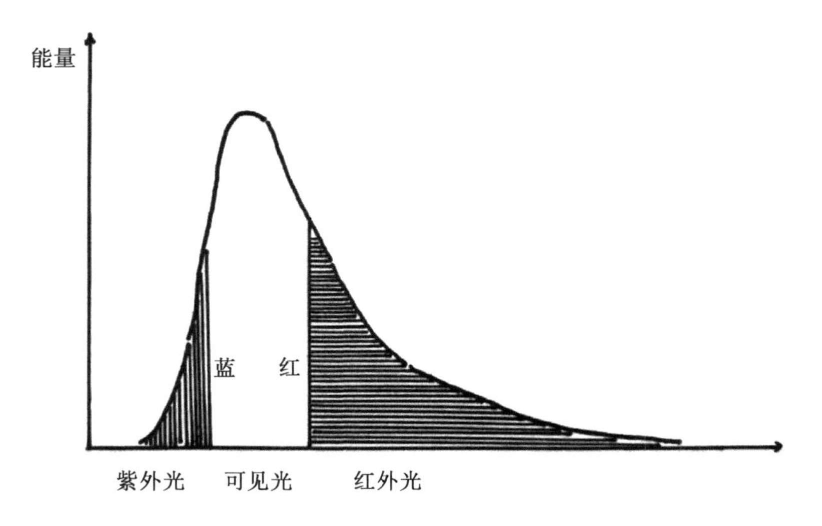

图 3-1

太阳辐射包含了各种不同波长的辐射，从波长最短的紫外光辐射至波长最长的红外光辐射。不同波长辐射所蕴含的能量如图所示。

率，因此降低场地内的紫外光辐射量越来越成为当下景观设计的一个重要目标，这也是目前小气候与城市健康研究的国际前沿领域。

如图 3-1 大部分太阳辐射能量都蕴含于可见光与红外光，且两者的能量总量相当。可见光，即我们肉眼可见的光，同时也是供给地球植物光合作用的能量。红外光，即波长大于红色光直到光谱结束的辐射，由于其无法促进树叶生长，因此会被反射或透射（图 3-2）。

树叶会反射约 10% 的可见光和约 50% 的红外光，因此在单层树叶下仍有约 25% 的太阳辐射。尽管多层树叶会减少太阳光的透射率，但树下的太阳辐射还是比肉眼可见的多。

调整太阳光入射量可采用遮阴设施，也可通过调整太阳光与接触面的角度。正如上文阐释并模拟赤道附近和两极地区所接收太阳能量差异，当手电筒倾斜时圆形光束将变为椭圆形且光斑变淡。在晴天时垂直于太阳光的接触面所接收的能量为 1000 W/m^2，但当接触面与太阳光呈 45°时，能量降为 700 W/m^2；若接触面与太阳光呈 30°，能量则进一步降为 500 W/m^2（图 3-3）。

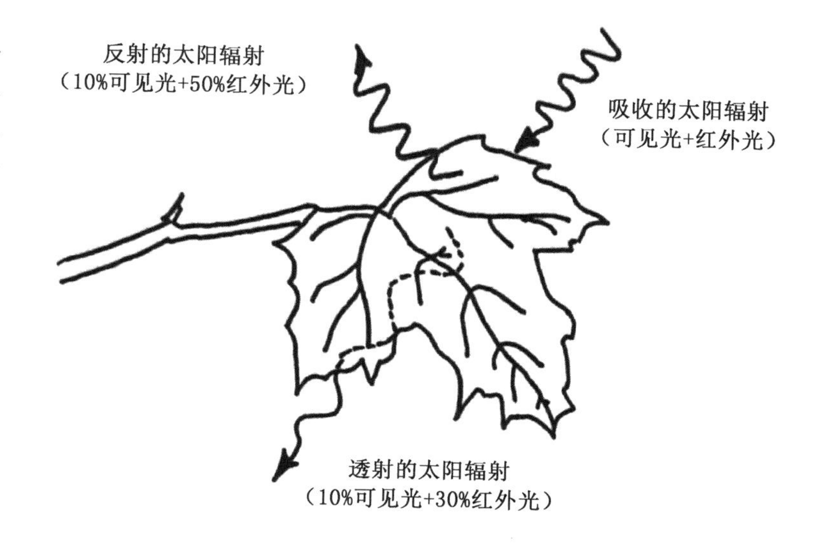

图 3-2

树叶会吸收大部分可见光同时反射大部分红外光。反射的可见光占其总能量的 10%，反射的红外光则为 50%；透射的可见光占其总能量的 10%，透射的红外光则为 30%。

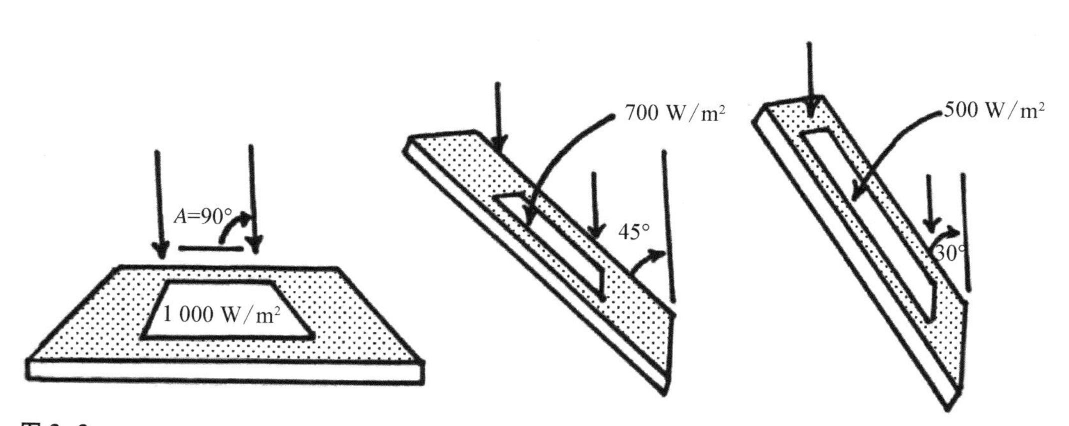

图 3-3

接触面接收到的太阳能量与倾斜角度的关系：接触面接受的能量＝垂直接收的能量×倾斜角的正弦

反射率与净太阳辐射

不同界面对太阳辐射的反射量由其自身的反射率属性决定。不同材质的自然与人工界面都具有不同的反射率（表 3-1）。

表 3-1 景观场地设计中常见材质的反射率、辐射率和热导率

	反射率/%	辐射率/%	热导率/[J/(m^2 · $s^{1/2}$ · K)]
土壤	5~75	90~98	
潮湿的深色土壤	5~15		
潮湿的灰色土壤	10~20		
干燥的沙地	25~35	84~91	
湿润的沙地	20~30		
干燥的沙丘	30~75		
潮湿的土壤			600
干燥的土壤			2500
植被	5~30	90~99	
草	20~30	90~95	
绿色田野	3~15		
小麦地	15~25		
牧场草地	10~30		
丛林	15~20		
棕色草地	25~30		
乔木	5~20		
落叶树林	10~20		
常绿树林	5~16	97~98	
沼泽树林	12	97~99	
水	5~95	92~97	1500
水(高入射角)	5	92~97	
水(低入射角)	95	92~97	
雪(新)	70~95	99	130
雪(旧)	40~70	82	600
城市表面			
沥青	5~15	95	
混凝土	10~50	71~90	
砖块	20~50	90~92	950
石头	20~35	85~95	
沥青和石砾屋顶	8~18	92	
瓦片屋顶	10~35	90	
石板屋顶	10	90	
茅草屋顶	15~20		
波纹铁	10~16	13~28	
白色涂料	50~90	85~95	
红色、棕色、绿色涂料	20~35	85~95	
黑色涂料	2~15	90~98	
空气			
静止			5
湍流			400

从上表可知：当水面与太阳光入射角呈垂直时（反射率为5%）和有新积雪时（反射率为95%）是自然表面反射率的两个极端。而当太阳光入射角度很小时，水面的反射率会迅速升高至95%，这就是我们被波光粼粼的湖面刺得眯起眼睛的原因。景观设计中常用的人工材料的反射率范围则是从90%（白墙）至5%（沥青）。

太阳辐射能量对场地小气候变化具有关键作用，在进行分析时需要同时考虑入射及其反射的部分。入射部分与反射部分之差被称为净辐射能量，即

净辐射能量 = 入射辐射能量 − 反射辐射能量
= (1 − 反射率) × 入射辐射能量

假设强度为500 W/m^2的太阳辐射照射到反射率为80%的浅色地面上，最终地面吸收的能量只有100 W/m^2。若是照射在反射率为20%的深色地面上，则为400 W/m^2。可见深颜色地面所吸收的能量为浅色的4倍。因此虽然在多云或阴天时到达地面的太阳辐射总量有限，但仍有较大的调控空间。

■ 在景观场地小气候设计中对辐射、风以及能量分配的调控具有较大的空间，并且调控场地内的净辐射能量是实现小气候设计目标的主要途径之一，其方式一般有以下三种：

（1）引入或阻隔太阳辐射；

（2）调整物体与太阳光的入射角度；

（3）选择不同反射率的材质；

这些原则将在第七章中详细阐释。

3.3　大地辐射

在光谱中波长大于红外光的辐射称为长波辐射，即大地辐射，它无法被我们肉眼直接看见但对场地小气候十分重要。需

要注意的是宇宙中所有的物体只要没有达到绝对零度(-273.15 ℃)就永远在释放大地辐射,因此地球表面上所有的物体、云层以及天空都会释放大地辐射。

从图 3-4 可以观察到短波辐射与长波辐射两者曲线下方的面积几乎相等且没有重叠,这说明它们蕴含了几乎等量的辐射能量。

太阳辐射能量峰值的波长约为大地辐射的 1/20,故我们在小气候设计中可以放心地分别处理这两种能量。太阳辐射和大地辐射也被称为"短波"辐射和"长波"辐射。如果我们将地球作为一个整体,当太阳辐射与大地辐射两者曲线下的面积总和不变时,地球的能量将不变,而温度也将保持不变。

诸位可能会对地球上所有的物体,包括树木、天空、这本书以及诸位本身都会释放长波辐射能量这一事实而感到惊讶,因为地球上所有的分子,包括我们人体身上的分子,都在匀速运动,就像无线电天线持续振动而发出远程红外线广播。无线电广播信号的强度取决于其温度,同理当诸位靠近一个很热的物体时就会明显感受到大地辐射,如噼啪作响的壁炉。

在 19 世纪末,斯特藩(Stefan)和玻尔兹曼(Boltzmann)两位澳大利亚物理学家首次提出了大地辐射的计算方法并建立了大地能量和温度关系的公式(温度 T 单位为摄氏度),即

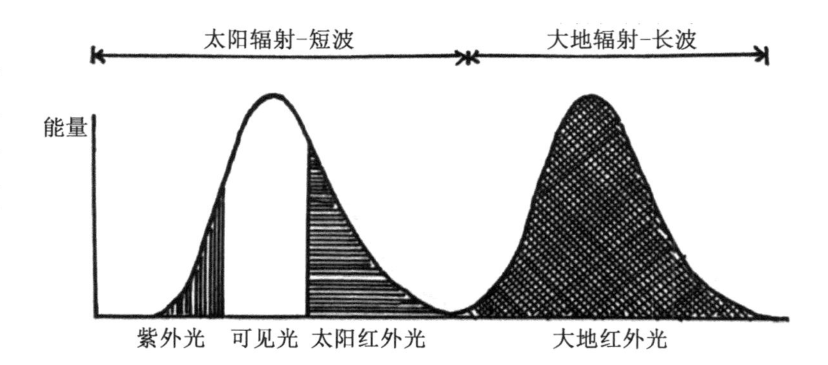

图 3-4

地球接收到的太阳辐射(短波)和大地辐射(长波)几乎等量,并且波长无重叠,因此我们在小气候设计中可以分开考虑它们。

$$E = S\times(T+273)^4$$

其中 E 为大地辐射能量，S 为常数，T 为表面温度。

代入常数 S，即 5.67×10^{-8}，会得到以 W/m^2 为单位的结果。

代入该公式可以得知，当一棵树或一道砖墙表面温度为 30 ℃时所释放的大地辐射能量为 478 W/m^2，即

$$E = (5.67\times10^{-8})\times(30+273)^4 = 478\ (W/m^2)$$

假设在晴天我们站在这堵墙附近，那么此辐射能量包括了来自天空大于 1 000 W/m^2 的太阳辐射，还有来自墙释放的大约 500 W/m^2 的大地辐射。因此在小气候设计中大地辐射也是我们应该考虑的重点之一。

需要注意的是，斯特藩-玻尔兹曼公式只是给出了大地辐射能量理论上的最大值，在真实场景中我们还需稍作调整，即在公式计算结果基础上乘以调整系数，即“辐射系数”。

由表 3-1 中可知常用景观材料的辐射系数一般会大于 0.9，因此如果计算结果允许 10% 内的误差，则可直接使用斯特藩-玻尔兹曼公式的计算结果。但天空是个特例，因为其辐射系数随着温度而改变。根据表 3-2 中不同温度天空对应的辐射系数可以计算其释放的大地辐射量。

■ **地球上所有的物体都根据其温度以一定频率释放大地辐射。大地辐射的波长与太阳辐射在光谱上不重叠且蕴含的总能量大致相同。**

表 3-2　不同温度下天空的辐射系数及哈尔滨与雅库茨克两地天空释放的长波辐射能量

温度/℃	0	5	10	15	20	25	30	35
辐射系数	0.72	0.75	0.77	0.80	0.82	0.85	0.87	0.90
哈尔滨/(W/m^2)	315	339	364	390	418	447	477	510
雅库茨克/(W/m^2)	227	254	280	312	343	380	417	459

3.4 调控接收的太阳辐射和大地辐射

正如上文所述净太阳辐射是物体吸收的短波辐射，而接收的辐射总量是物体接收的净太阳辐射与大地辐射的总和：

总接收辐射能量＝(1－反射率)×接收的太阳辐射＋吸收的长波辐射

请注意反射率仅用于净太阳辐射的计算，而长波辐射几乎不会反射。

试想一个反射率为0.3的深灰色表面，例如停车场地面在一个气温为30 ℃的晴天下午，假设此时地面接收到的太阳辐射强度为800 W/m^2，从表3-2中可知天空在30 ℃时释放的长波辐射强度为417 W/m^2，即

$$总接收辐射能量=(1-0.3)\times 800\ \mathrm{W/m^2}+417\ \mathrm{W/m^2} = 977\ \mathrm{W/m^2}$$

虽然有30%的太阳辐射会反射，但地面总接收辐射能量高达977 W/m^2，仍大于地面接收的太阳辐射(800 W/m^2)。难怪夏天沥青路面会软化，停车场上能够“煎鸡蛋”。如果不进行小气候设计，停车场将是一个危险的地方！

若我们通过增植冠幅较大的乔木为停车场提供遮阴将照射到地面的太阳辐射降低至20%，即160 W/m^2，同时在地面铺设反射率较高的材料(如反射率为0.7的混凝土)，并且假设树冠下层的温度与周围空气温度相近，根据斯特藩－玻尔兹曼公式可得树冠释放的长波辐射能量为478 W/m^2。因为原本地面接收的长波辐射来源此时变成了树冠，所以地面的总接收辐射能量为：

$$总接收辐射能量=(1-0.7)\times 160\ \mathrm{W/m^2}+478\ \mathrm{W/m^2} = 526\ \mathrm{W/m^2}$$

两个例子中总接收辐射能量差值为451 W/m^2，显然我们的小气候设计起到了显著作用。由此可知增加遮阴率以及改变地

面铺装反射率是大幅度调节物体总接收辐射能量的主要途径!

虽然我们几乎将地面的总接收辐射能量降低了一半,但目前仍超过 500 W/m^2,根据研究表明此时人站在地面的感受相当于置身于烤面包机。

那么请思考地面会随着时间的推移持续变热吗?要搞明白这个问题我们不仅要思考能量的供给途径,还需要思考能量的消耗途径。

■ 正如上文所述通过改变遮阴率或物体表面的反射率能显著调节物体总接收辐射能量。就像一把双刃剑,提高遮阴率的同时可能会增加物体接收的长波辐射,正如上例中开敞天空释放的长波辐射能量低于树木和建筑物。比较增加的长波辐射量(遮阴之弊)与降低的太阳辐射量(遮阴之利),显然利大于弊,因此最后物体总接收辐射能量还是大幅降低了。

3.5 能量支出、流入与平衡

就像诸位的个人财务状况,货币的流入必然增加收入,而在生活必需品或娱乐上的消费必然形成支出。为了维持自身财务状况的稳定性必须实现收入与支出的平衡,而稳定的小气候同样也需要能量收支平衡,即

$$\text{能量流入} - \text{能量支出} = 0$$

正所谓大道至简,这一看似简单却非常有效的能量收支平衡公式是小气候学的关键。上文已经介绍了能量流入的途径,那么有哪些途径会消耗掉已流入物体的能量?

接下来,我们将继续用无遮阴的沥青路面停车场来解释其中的奥妙。

第一个能量消耗途径是大地辐射。根据上文论述的斯特藩-玻尔兹曼定律,停车场每时每刻都在向外释放长波辐射(释放量

的计算参照上文公式）。假设长波辐射是停车场能量唯一的消耗途径，停车场释放的长波辐射能量将随着沥青路面表面温度上升而增多，直到停车场释放的长波辐射能量与流入的总能量相当。

根据上文计算结果，此时停车场总接收能量为 977 W/m^2，假设长波辐射是停车场能量唯一的消耗途径，则利用能量平衡公式可计算出停车场路面的最终温度，即

$$\text{总辐射能量流入} - \text{大地辐射能量支出} = 0$$

$$977\ \text{W/m}^2 - (5.67\times10^{-8})\times(\text{表面温度}+273)^4 = 0$$

计算结果显示最终停车场路面的温度将会约 89 ℃！结合我们日常生活经验，即使在夏天我们抱怨停车场热得像平底锅一样但也还没高达 89 ℃。事实上还有其他方式在消耗那 977 W/m^2！

第二个能量消耗途径是传导。停车场会通过传导将总辐射能量储存于沥青路面下方的土壤。在小气候设计中增强这一能量消耗途径是有益的。例如在昼夜温差较大时能量在白天可储存于庭院砖墙或地下土壤，并于夜晚释放出来提高庭院空气温度以改善使用者热舒适，也可保护那些不耐寒的植物。

基于表 3-1 选择适宜导热系数的材料可以调控传导途径中的能量消耗量。高导热系数的材料会提高能量的传导从而降低其释放的长波辐射能量。

■ **上文已阐述能有效调控小气候的诸多方法，特别是物体能量消耗的诸多途径。需要注意的是各消耗途径中的能量是此消彼长的！即某一能量消耗途径受到限制，则会提高其他消耗途径中的能量。**

之所以上述停车场沥青路面的表面温度不会高达 89 ℃，是

因为除了大地辐射之外，还有传导途径在消耗能量。因此，能量收支平衡公式可扩展为：

总辐射能量流入－大地辐射能量支出－传导能量支出＝0

实际上消耗途径并非只有这两者，后续还有会其他能量消耗途径加入上述公式。

在夏季，蒸发是另一个潜在能量消耗途径。人类进化产生的直觉经验告诉我们在停车场表面大量浇水能迅速降低其表面温度！当我们讨论的能量消耗途径越多就越能识别出哪一途径最有效。

研究发现，相比其他消耗途径，只要物体表面有水分存在，蒸发就能消耗更多能量。如果小气候设计目标是消耗掉场地在白天积聚的过剩能量，那么采用旱喷、水幕墙或水池这类既美观又能实现小气候设计目标的景观要素是很好的选择。

把蒸发途径加入上述的能量平衡公式中可得：

总辐射能量流入－大地辐射能量支出－传导能量支出－蒸发能量支出＝0

接下来，利用我们上述已经介绍的能量收支平衡概念，思考以下问题："尽管沙子的反射率已经很高，为什么夏天沙滩上长椅的腿仍会那么烫脚？"

这是因为虽然浅色沙子降低了流入的净辐射能量（如果是深色沙子则会更热），但沙滩长椅腿之所以烫脚与沙子的能量支出途径有关。首先沙滩长椅所在的休息区的沙子非常干燥，因此通过蒸发途径消耗的能量较少，其次水分不足也会导致沙子间孔隙被热空气填满，从而降低了传导途径消耗的能量。

试想当传导和对流这两种能量消耗途径都受到限制时，剩余能量只能通过大地辐射途径进行消耗。沙子需要从大地辐射途径消耗掉大量能量导致其表面温度升高，而沙滩长椅腿接收了来自沙子的大地辐射也变得很热。

然而一旦海浪打湿沙子,能量消耗途径就发生了较大变化。因为沙子间水分的增加,蒸发和传导两个途径都将大幅度消耗能量,而通过大地辐射途径消耗的能量就会减少很多,因此沙子表面的温度就没那么高了。

在能量收支平衡分析中,还有最后一种能量消耗途径——对流能量支出。

对流即通过风实现物体与空气间能量的流动。当物体表面温度升高时,靠近物体表面的空气分子与其发生碰撞,其温度也将升高而后向上运动,而原本周围温度较低的空气随机补位再次与表面发生碰撞,周而复始地从物体表面消耗能量。

对流建立了场地小气候与宏观大气候间温度和风的关系。

物体通过对流途径消耗的能量取决于两个影响因素:空气的混合程度即“湍流”总量,以及物体表面温度($T_{表}$)与空气温度($T_{气}$)间差值,即

对流途径消耗能量=f(风速)×(表面温度-空气温度)

如果用一杯热咖啡来解释对流,当咖啡表面温度与周围空气温度相差较大时咖啡变凉的速度会较快。同时,搅拌咖啡也能进一步提高降温速度。这是因为搅拌后的咖啡表面粗糙度将提高,随即与周围空间形成活跃的湍流,从而增加了咖啡表面分子与空气分子的混合程度。

决定对流途径消耗能量的物体表面与空气温度差值主要指的是距离物体表面 1 cm 至 1 m 范围的温度差,具体大小进一步取决于物体的尺寸和表面粗糙程度。因此物体对周围空气间的对流作用随着与物体表面距离的增加而迅速减弱。在空气与物体表面发生对流的范围之外,其温度和相对湿度主要受宏观尺度空气团影响。

正如上文所述由于停车场沥青路面和干沙滩的表面温度都比空气温度高,因此对流途径是二者实现能量收支平衡中能量

消耗的重要途径。

对流途径将消耗一些原本通过大地辐射途径消耗的能量，因此虽然沥青路面的表面温度仍会较高，但也绝不会达到89 ℃！（之前我们只考虑大地辐射消耗途径所得到的结果）。若我们希望对流途径能消耗场地更多能量时，就应提高风速进而增加沥青路面与空气的混合因子。

至此所有能量消耗途径已经阐述完毕，完整的能量收支平衡公式如下（图 3-5）：

总辐射能量流入-大地辐射能量支出-传导能量支出-蒸发能量支出-对流能量支出=0

■“能量收支平衡”是小气候学的核心基础概念。场地小气候会不断地变化直至能量收支达到平衡。四种能量消耗途径分别是：场地物体自身通过大地辐射途径释放能量；通过传导途径传递到相邻物体能量；通过蒸发途径消耗能量；通过对流途径消耗能量。在小气候设计中设计师通过调控总流入能量在四种能量消耗途径中的分配来实现设计目标。

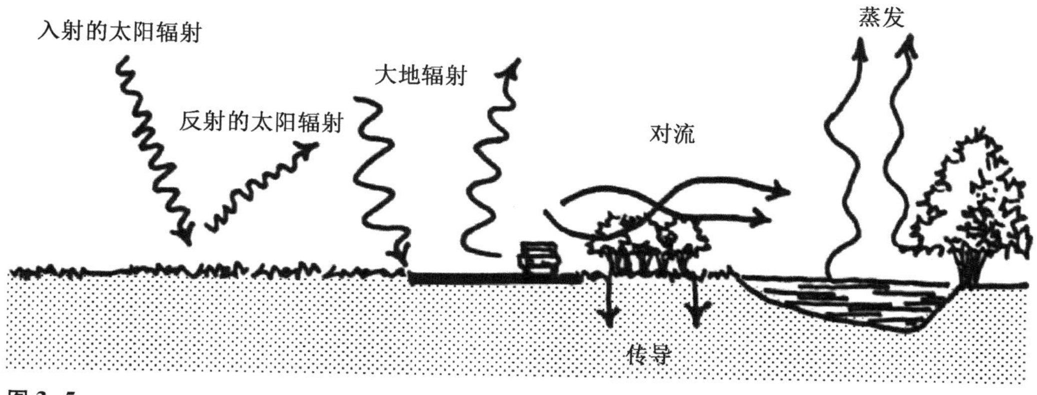

图 3-5

任一表面的能量收支平衡都需要计算所有流入和消耗的途径。例如，当没有水分可用于蒸发时，那么能量必然会通过其他途径流出。能量在各消耗途径的分配此消彼长，一旦某一途径受到抑制，就会增加其他途径中的消耗量。

3.6 傍晚及夜间的小气候关注

当小气候景观设计的主要时段是傍晚或夜间时，需要注意在白天属于能量收支平衡中的能量消耗途径在夜间有可能会变成了流入途径。请思考以下场景。

在晴天日落前夕有一个平坦开敞的草地，此时天气已微凉，空气及草地表面温度都为 5 ℃。由表 3-2 可知，此时天空将释放 254 W/m^2 的大地辐射能量，而基于斯特藩-玻尔兹曼公式，草地将释放 340 W/m^2 的大地辐射能量。当太阳落山后，场地内唯一的能量流入途径就只剩天空释放的大地辐射，因此可见草地的总辐射能量的流入少于大地辐射能量的流出（何况还有传导途径、蒸发途径以及对流途径同时在消耗能量），造成了能量收支不平衡。因此接下来草坪会通过改变各能量消耗途径来实现从能量收支不平衡到平衡的过程。

首先，草坪的气孔会关闭以降低蒸发途径消耗的能量。其次，草坪表面温度将会持续降低直至低于其上方的空气温度和下方的土壤层温度。最后，四周空气自身能量通过对流途径流入草坪，并且下方土壤层的热量通过传导途径也流入草坪。当从对流、传导途径流入草坪的能量达到 86 W/m^2 时，将达到能量收支平衡。可见在夜间，对流和传导途径从白天的能量消耗途径变成能量流入途径。这就是即使温度计显示的温度还未达到霜点，但我们依然可以在日出时分看到草坪上的结霜，因为夜间的草坪表面温度比四周空气温度低。

3.7 总结

运用能量收支平衡理论，诸位能分析和调控能量流入与消耗途径来实现场地的小气候设计目标。一般情况下能量流入途径包括从太阳光、天空和周围环境吸收的辐射能量，主要为短波辐射与大地辐射。能量消耗途径包括场地物体间的传导途径、蒸发途径、与空气的对流途径。场地只有在能量流入与消耗达到平衡时才能形成稳定的小气候。图 3-6 阐释了景观场地在白天及晚间不同能量收支平衡流入与消耗途径的具体情况。

图 3-6

草坪与沥青在日间和夜间不同能量收支平衡流入与消耗途径，箭头越宽表示该途径中的能量越多。

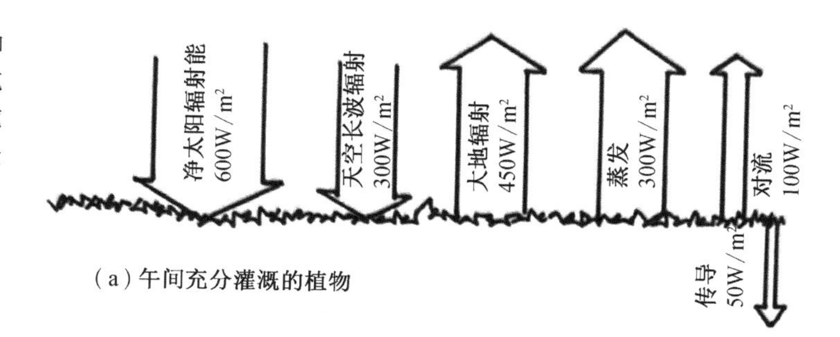

（a）午间充分灌溉的植物

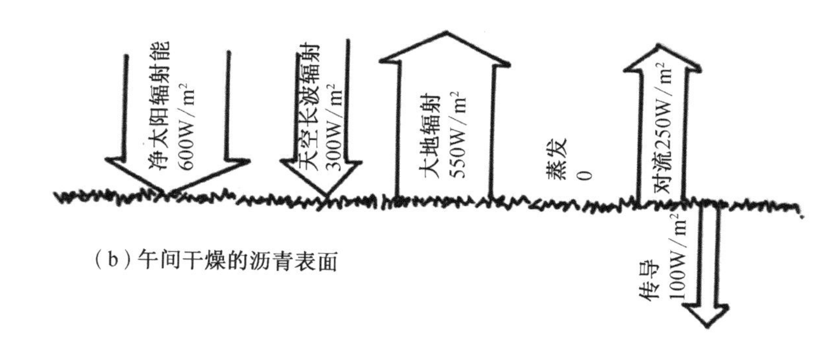

（b）午间干燥的沥青表面

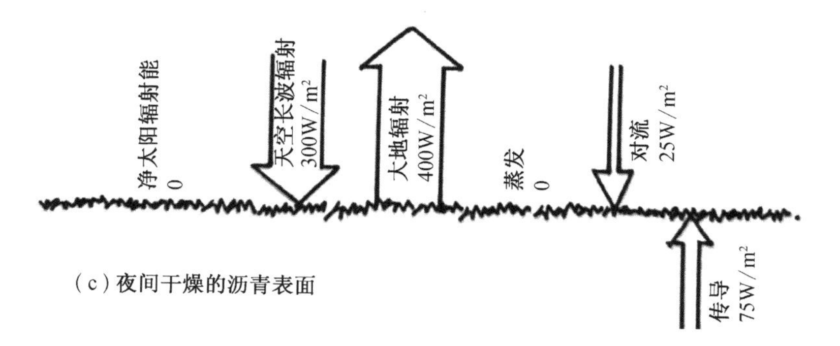

（c）夜间干燥的沥青表面

正如上文所述改变能量收支平衡中能量流入与消耗的途径有很多。例如利用树木或人造构筑物为场地遮阴能改变能量收支平衡中的辐射能量流入，即大幅度降低流入的短波辐射的同时，也一定程度增加了流入的大地辐射（因为树木或人造构筑物释放的大地辐射都比天空多）。但从总量上看，流入的净辐射能量仍是降低的。其次改变表面材料以调整物体的反射率，进而调控反射与吸收的太阳辐射能量。

此外，还可以改变各消耗途径中的能量分配，即加强、限制某一消耗途径的能量，从而影响其他消耗途径。例如根据斯特藩-玻尔兹曼公式，物体释放的大地辐射能量与表面温度有关，因此若限制传导途径、蒸发途径与对流途径，那么场地物体的温度将会上升以提高通过大地辐射途径消耗的能量。

相反，借助传导途径，在场地中使用传导性能较好的材料将物体能量储存于地下土壤或砖墙当中。这些通过传导途径存储的能量可以消除早秋时节岩石公园的霜冻现象或在阴天为太阳能房屋提供能量。

再者，不易察觉但潜力巨大的蒸发作用也是一个重要的能量消耗途径。若欲降低物体表面温度或释放的大地辐射，那么提高物体表面的水分以促进蒸发作用即可实现目的。

最后是对流途径，提高或降低对流途径消耗的能量可通过改变风速或调整物体表面的粗糙程度，进而控制物体表面与空气间的涡流数量来实现。值得注意的是，到了夜晚，当物体的表面温度低于四周空气温度时，对流就可能会变成能量收支平衡中的流入途径。

在后续章节中我们将不断练习能量收支平衡公式的构建、改变辐射能量和调控各消耗途径中的能量来实现小气候设计目标，包括改善人体热舒适、降低建筑能耗和其他景观设计。

当然，现实中遇到的设计问题远比本章的例子更为复杂，但只要我们抓住能量收支平衡这个“精神”,不管现实中的“外形”如何变化,都能找到解决方法。

3.8 思考

1. 请重新审视第一章中的思考题 3 中关于网球场的能量收支平衡。晴天时网球场地表温度与公园草坪温度相比孰高孰低？为什么会有这种差异？两个场地的能量收支平衡有何不同？网球运动员胸口高度的空气温度是多少？与草坪温度相比,哪个更高？最后,大风天和无风天的能量收支平衡又会有何不同？

2. 回顾第一章中关于停车场沥青路面的讨论。为什么停车场沥青路面温度会如此之高？而在公园树荫下为什么会感觉凉爽？请描述这两个场地的能量收支平衡差异。

3. 诸位能否设计一个在高温天气中仍然保持凉爽的停车场？诸位会调控能量收支平衡中的哪些流入或流出途径？哪个途径最容易控制且效果最好？

4. 诸位能否设计一个在夜晚气温较低时仍然舒适的室外空间？

5. 在诸位看来,哪种小气候要素对景观场地设计热舒适的影响最大？哪些要素是较难通过景观设计改变的？

6. 能否将能量收支平衡理论应用于人体热舒适分析？在分析人体能量收支平衡时,若能量过剩将会如何影响人体热舒适？如何确保使用者在特定场地中的热舒适？

第四章
人体热舒适

■ 营造人体热舒适环境是景观场地小气候设计的重要目标之一。

4.1 引言

正如上文所述地球的倾斜运动与宏观气候系统的循环往复共同塑造了不同地区大气候，而景观场地与其所在的地区大气候发生作用之后形成场地独特的小气候。在日常生活中，场地小气候是使人们感受热舒适的关键。因此设计一个全年具有适宜小气候环境的场地是营造健康宜居城市人居环境的关键之匙。景观场地小气候设计追求的终极目标是无论季节和地区大气候如何变化，场地小气候始终能让人感到舒适。

通常在进行小气候设计之前，必须先明确目标场地的人群活动类型以及场地的主要使用时间，此外，还需对不同景观设计方法如何影响场地小气候了然于胸。

营造人体热舒适环境的过程可分为以下三个步骤：

第一步：掌握不同景观要素对小气候的影响机理。

第二步：掌握何种小气候能营造人体热舒适环境，包括小气候人体物理与生理感应机制。

第三步：结合上述两者，掌握景观场地设计如何影响人体热舒适。

第三章已介绍第一步，本章节将详细阐释第二步并概述第三步,后续章节会有更详细的解析。

本章的知识要点:

- **某些小气候要素可以通过景观设计调控。**
- **小气候能影响人体热舒适,因此景观场地设计能显著影响场地使用者的人体热舒适。**
- **明确以下两方面有助于营造人体热舒适环境:(1)哪些小气候要素(如风速、气温等)会显著影响人体热舒适;(2)不同景观要素(如水体、树木、构筑物)如何影响小气候。**

4.2 小气候人体物理感应机制

空气温度

空气温度表征空气分子的能量,空气温度越高,空气分子振动越剧烈。正如上文所述空气温度与人体皮肤温度的差值决定了能量收支平衡模型中对流消耗能量的大小。此外,空气温度还会影响人体新陈代谢热量与蒸发消耗的热量。

从对流途径的微观尺度上看,当人体皮肤暴露于空气时,由于温差的存在,空气分子就会与人体皮肤发生接触而产生能量传递。研究表明,只要空气温度低于皮肤温度,数十亿个空气分子就会与皮肤发生碰撞,通过对流途径吸收人体热量,该部分能量使皮肤周围空气分子加热而为皮肤降温。反之,当空气温度高于人体皮肤温度时,空气分子同样会与人体皮肤发生碰撞,通过振动将空气分子的能量传递到人体皮肤而使其升温,此时风速越大,对流会对人体造成越大的热负荷,若未采取相关降温措施,则有可能会导致热射病,直至死亡。印度每年有数千人都会因为热浪而致死。

但在无风条件下,由于空气分子本身导热性低(空气分子密度较小),所以人体机体与周围空气分子通过传导进行的能量交换只存在于皮肤外的几厘米范围内,因此人们较难感觉得到。当风速提高后,对流作用明显,人体在对流途径消耗的能量取决于空气温度与人体皮肤温度的差值以及衣着情况,此时人们能够较为明显地感觉到体内能量的变化。

对新陈代谢途径而言,空气温度通过影响人体皮肤表层大气压而改变人体维持呼吸所需要的热量。空气温度越高,体内酶的活性越高,从而导致人体新陈代谢越快,即单位时间内产生的热量就越高。其次,活动类型也是影响新陈代谢热量的因素。

对人体蒸发途径而言,空气温度影响人体周围大气压,从而改变了水分从人体向外界环境蒸发的难易程度,它与衣着状况共同决定了人体水分蒸发途径消耗的热量。空气温度越高,人体排出的汗液就越容易被蒸发而达到降温效果。因此,在夏天高温天气下,人体可以通过汗液的蒸发来达到快速降温的效果;而在冬天,汗液因为外界温度较低而无法蒸发。

太阳辐射

正如上文所述,太阳辐射属于短波辐射,包含了紫外光、可见光和红外光,直接影响人体吸收的净太阳辐射。人体吸收太阳辐射后体温升高导致向外释放的大地辐射增加。景观场地下垫面吸收了太阳辐射之后,其表面温度不断升高,增加了向外释放的大地辐射,间接影响着人体能量收支平衡中的大地辐射能量。研究表明,少量的紫外线照射有助于人体合成维生素 D,但过量则会导致皮肤和眼睛的疾病。

大地辐射

正如上文所述,大地辐射属于长波辐射,地球表面所有物体都会释放。根据斯特藩-玻尔兹曼公式,只要物体未到-273.15 ℃(绝对零度),则其每时每刻都在向外界发射大地辐射。因此景观场地中的人体与外界物体始终都在大地辐射途径中双向交换能量。如在夏天我们会明显地感觉到从高温的沥青路面传来的大量热量,仔细观察会看到热空气在路面上方垂直流动的现象。

而在冬天，我们几乎没有感觉到外界物体传递来的热量，因为这些物体表面温度太低，导致人体接收的长波辐射比散发的少。

在景观场地中下垫面是大地辐射的主要来源，高反射率的下垫面在夏天不会对人体产生较大影响，低反射率的下垫面则反之。

相对湿度

相对湿度表征空气中的水分与饱和时的比例。在小气候人体能量收支平衡中，相对湿度直接影响着人体皮肤表层大气压，间接影响人体维持呼吸所需要的热量，从而决定人体新陈代谢产生的热量。同时通过新陈代谢热量，相对湿度也间接影响人体核心温度以及皮肤温度，从而影响人体对流能量收支、大地辐射能量收支以及人体蒸发能量收支。

当相对湿度上升，皮肤表层大气压将增大，此时人体用于维持正常新陈代谢所消耗的能量会变多，导致呼吸量上升，心肺器官工作强度也将增大。同时皮肤表层大气压影响汗液蒸发，导致热量无法顺利从人体中流失。故在高温高湿的夏天，人体会因为体内能量过多又无法通过汗液蒸发降温而感到不舒适。反之，当相对湿度下降，人们呼吸顺畅，进而减轻了心肺器官的工作强度，同时汗液更容易汽化蒸发以带走体内多余热量，此时人体会感到更舒适。因此在小气候设计中可以通过改变相对湿度来调节小气候与人体之间的作用过程创造舒适的景观空间。

风速

风速表征空气分子的运动速度，风速越大，空气分子与人体皮肤之间的碰撞越剧烈，两者之间的能量交换就越大。当空气温度比人体皮肤低时，风速越大，在不考虑衣着的情况下，人体通过皮肤损失的能量就越大，严重时可能会造成冻伤；当空气温度比人体皮肤高时，风速越大，人体获得的能量越多，极端情况下会造成人体核心温度过高而中暑（Heat Stroke）。在人体能量收支平衡中，风速直接影响雷诺常数（与涡流数量有关）并决定了人体对流途径的能量收支,间接影响了皮肤温度与蒸发途径的能量收支。

衣着

衣着对人体热舒适有很大影响。衣着的属性,即反射率、绝缘值、静态服装阻力、静态服装耐蒸汽性能等都会影响人体对流途径能量收支、蒸发途径能量收支,并间接影响皮肤温度。表4-1为常见的衣着热阻值,该数值可作为大多数能量收支平衡模型的输入参数。

人体活动类型

人体不同活动类型与维持呼吸的热损耗决定了人体能量收支平衡中的新陈代谢能量。人体在站立时产生的新陈代谢量约为 70 W/m^2。表4-2为各种人体活动类型产生的能量。

表4-1 常见衣着热阻属性

衣着	服装热阻/clo
无袖背心,短裤/裙	0.36
短袖,短裤/裙	0.54
短袖,长裤/裙	0.57
羽绒服组合	0.61
厚外套组合	1.7

表4-2 人体活动新陈代谢量

人体活动类型	新陈代谢量/($W \cdot m^{-2}$)
躺着	46
放松地坐着	58
坐着工作	70
放松地站着	70
小汽车驾驶	80
站立着轻活动量	93
站立着中等活动量	117
重活动量	175

4.3　小气候人体生理感应机制

4.3.1　小气候与人体冷热感受机制

人体冷热感受机制从过程上可以分为人体冷热信号的采集、传递、处理以及判断。

皮肤是人体最大的感受器官。人体皮肤感受器并不具备对各小气候要素（太阳辐射、空气温度等）进行独立的感应，而是通过温度感受器对各要素产生的热流（热通量）进行探测。温度感受器可分为冷、热两大类。这两大类又可进一步细分为四种，即冷觉感受器、热觉感受器、冷痛觉感受器以及热痛觉感受器。这些感受器位于人体皮肤的真皮中，属于自由神经末梢。

温度感受器在人体皮肤中分布广泛，并且冷觉感受器的总量是热觉感受器的 10 倍之多，前者位于真皮以下 0. 15～0. 17 mm 处，而后者位于真皮以下 0. 3～0. 6 mm 处。从深度上看，冷感受器直接位于表皮之下，而热感受器位于真皮上层。这在一定程度上说明了相较于高温，人们对于低温更为敏感。

冷觉和热觉感受器在不同温度范围的活性不同。当人体皮肤温度在 5～43 ℃，冷觉感受器能够快速响应皮肤温度的降低，并在 25 ℃时产生最为剧烈的放电活动；而热觉感受器可以侦测皮肤温度的升高，并在 45 ℃左右最为活跃；当皮肤温度介于 30～36 ℃时，二者都处于自发激活的状态，故在此区间内人们会感觉到舒适，超出这一区间则会感觉到凉爽或者温暖。

但当皮肤温度超过阈值时，人们会感到“痛”，此时冷痛觉和热痛觉感受器被激活。对于大多数人，当皮肤温度低于 15 ℃时，冷痛觉感受器开始放电；当皮肤温度高于 45 ℃时，热痛觉感受器开始放电。

相对于皮肤温度的变化，在内稳态与负反馈机制的作用下人体的核心温度就显得比较稳定。当人体核心温度变化幅度超过 1 ℃，皮肤对应变化的温度将达到 12 ℃。皮肤温度的显著变化常发生在手部与脚部，并且手指末端的温度敏感阈值更低，即冷热感受器放电活动更剧烈。

4.3.2 小气候与人体体温调节系统

正如前文所述,小气候各要素通过改变不同途径中消耗或流入的能量而影响人体能量收支平衡从而改变人体热平衡。后者为内稳态的重要组成部分,而核心温度与皮肤温度最能表征热平衡。当核心温度与皮肤温度处于阈值内,人体感觉较为舒适。反之,人体各项平衡系统都会被影响并打破,如体液平衡系统。此时,体温调节系统被激活并通过负反馈作用最终让人体重新回到内稳态。若该过程无法完成,则会开始出现相关疾病。

人体体温调节系统属于负反馈机制,一个完整的负反馈机制包括了感受器、控制中心以及效应器。

体温调节系统的感受器一部分位于皮肤真皮和表层皮下,用于检测皮肤温度,还有一部分位于下丘脑后部上,用于检测身体核心温度。体温调节系统的控制中心位于大脑内的视前区,冷热信号最终到达此处,经过处理后开始发出神经冲动并传递至效应器。效应器包括了骨骼肌、汗腺、血管以及棕色脂肪组织。它们通过产热或者散热来保持体内热平衡。

产热和散热的机制包括了出汗、颤抖、血管收缩、血管舒张。出汗通过汗液蒸发来排出身体内多余热量。颤抖则通过骨骼肌运动来产生热量。皮肤血管舒张可以将血液输送到表皮层的毛细血管以扩大血管直径来加快血液流动速率,提高皮肤温度,进而通过长波辐射向外界散发热量。皮肤血管收缩则可以将血液回缩至更靠近身体核心处,同时缩小血管直径以降低血液流动速率来降低皮肤温度与减少辐射散热。

在高温户外环境中,小气候与人体发生能量交换后,若体内热平衡无法使核心温度保持在36~38 ℃,位于皮肤与下丘脑的温度感受器将采集温度信号并通过神经通路将信号传递至视前区,神经信号在视前区中经处理过后,激活交感神经扩张皮肤表层血管,刺激汗腺增加汗液分泌,提高人体向外界环境的散热量。

当人体处于偏冷环境中则情况相反,皮肤表层血管收缩,骨骼肌颤抖且呼吸加快,既减少人体向外环境的散热量又增加自身热量。

4.3.3 小气候与人体神经系统调节机制

人体神经系统由中枢神经系统和外周神经系统组成,前者包含了脑(大脑、脑干、下丘脑)以及脊髓,后者包含了脑神经和脊神经。外周神经又可分为躯体神经系统与自主神经系统,前者连接骨骼肌,后者连接各个内脏器官。自主神经系统又进一步分为交感神经和副交感神经,二者之间存在拮抗作用,其平衡共同维持体内各器官的活动。

交感神经的节前神经发源于第一胸椎到第二腰椎,神经末梢连接体内大多数器官,其节前纤维短而节后纤维长。交感神经有助于人体适应环境突变。当交感神经被激活时,对于心血管系统,心率提高,心肌收缩力增强,血液传导速度加快,使毛细血管收缩;对于消化系统,可抑制唾液腺活性,使胆囊松弛,促进肝脏将糖原分解成葡萄糖,减弱肠胃运动,促进脂肪分解;对于呼吸系统,可使肺部支气管扩张,人体呼吸变浅且频率变快;对于皮肤系统,激活汗腺,增加汗液分泌,瞳孔扩大,肾上腺素分泌增多。

副交感神经的节前神经发源于脑神经核以及骶段脊髓灰质,其神经末端连接的器官比交感神经少,且节前纤维长而节后纤维短。它能控制体内平衡与休息及消化。当副交感神经被激活时,心血管系统体现为人体心率变低,心脏搏出量降低,血液传导速度下降;消化系统体现为促进淀粉酶分泌,并使胆囊收缩,刺激肠胃运动;呼吸系统体现为支气管收缩,呼吸变深且慢,瞳孔缩小;但对于汗腺,副交感神经无法影响其活性。

当各小气候要素以能量的形式影响体内热平衡而导致内稳态失衡引起负反馈机制时,神经系统在此过程的作用不仅涉及自主神经系统,也包括了中枢神经系统,可谓全方面参与。

当小气候与人体交换的热通量变大时,神经末梢将感受器上的神经脉冲通过神经节传递至脊髓,而后信号分为两个通路。其中一个通路沿着脊髓神经向上传导至位于脑干的外旁侧核,通过小脑,最后传递到后下丘脑视前区后开始激活副交感神经,后者将调节人体体温至正常范围内。另一个通路沿着脊髓神经向上,通过小脑到达丘脑后,最后到达大脑皮层躯体感觉区产生"热感觉"。

故小气候与人体神经系统调节不止有外周神经系统中的自主神经系统介入,并且中枢神经系统即脑神经系统与脊髓神经系统也深度参与其中。

4.3.4 小气候与人体心血管系统调节

人体心血管系统调节对于小气候热舒适营造有重要作用。心脏和血管在维持人体内稳态以及热平衡中充当效用器。当人体在小气候中感到热不舒适,负反馈调节将排出体内多余热量,此时肾上腺素分泌增加以提高心率和心脏搏出量来提高血液循环速度,血管扩张,血压升高使血液循环扩张至表皮层毛细血管导致皮肤温度上升。以上过程促进人体向外界释放大地辐射来降低体内热量。当人体在小气候中感到冷不舒适时,心脏将提高心率和搏出量,但此时组织中的血流量会下降以此提高运动器官中的供血量。一方面血管收缩使皮肤表层毛细血管血流量下降而减少向外界散热的大地辐射,另一方面通过运动器官的产热来增加体内热量,以上两方面共同作用使人体核心温度重新回归到正常阈值范围内。

4.4 人体热舒适模型

建立人体热舒适模型是判断人体热舒适度的科学可行途径。热舒适模型能简要表达景观场地中热舒适的实际情况并提供一个可以解释小气候人体热舒适现象的工具。

■ 空气温度是一个简单的人体热舒适模型。

显然，当气温升高时人们会感到温暖；当气温下降时则感到凉爽。根据日常经验，人们都会觉得气温是决定室内人体热舒适的要素，如 20 ℃室温使人感到舒适，小于 15 ℃则过冷，大于 25 ℃则过热。

■ 然而在户外，由于其他小气候要素变化范围较大，利用空气温度预测景观场地中的人体热舒适并不可靠。

例如当户外气温为 20 ℃时，人体热舒适的范围可能是太暖（无风，高湿度，晴天），也可能会是太冷（有风，阴天）。气温为 15 ℃的晴天可能会让人感到舒适甚至太暖，而气温为 25 ℃的低湿度强风阴天仍会让人感到非常凉爽。因此，在设计中不能仅仅根据气温来判断人体热舒适度。

■ 户外小气候要素的动态变化是导致室内外人体热舒适差异的关键原因。例如，相对湿度、空气温度、辐射、风和降水在室内可以得到严格调控，而这些小气候要素在户外则会动态变化。

因此在户外，空气温度并不能完全决定人体热舒适度，我们还需要加入其他小气候因素以建立更加复杂的模型。

“风寒指数”模型结合了气温和风速以获得一个“等价温度”，是一个评估寒冷程度的指标。例如，气温 0 ℃和风速 7 m/s 的情况可以等同于气温 -13 ℃。在冬季，“风寒指数”比气温能更好地反映人体热舒适。

"湿润指数"模型基于气温和相对湿度在夏季会显著影响人体热舒适的原理,利用气温和相对湿度数据可以得到一个"等价温度"。

这两个模型比气温更能有效估测人体热舒适,虽然在日常天气预报中这两种模型也能起有效作用,但是它们对于热舒适程度的分类有限,因此也无法适用于评价场地小气候中的人体热舒适。

■ 其次,影响人体热舒适的要素还包括其他小气候要素,如太阳辐射、大地辐射和个人因素等。

当下许多研究基于人体能量平衡建立了人体热舒适模型,我们可以利用模型确定景观中不同物体的能量收入与支出。

■ 人体热舒适可以通过人体能量的流入或者流失(能量收支平衡)进行估算。若能量流失严重,则可以判断人体将感到太冷。

相反,若能量流入过多则表明人体将感到太热。为了精细测算,我们需要详细计算在所有途径中流入和流失的能量。

4.5 人体能量收支平衡模型

对于景观场地中的人体,当流入与消耗的能量相同时,人体将感到热舒适。

■ 在景观中人体能量流入的主要途径包括新陈代谢能量途径和辐射能量途径(太阳辐射和大地辐射),能量消耗的主要途径包括蒸发途径、对流途径和大地辐射途径(如图 4-1 所示)。

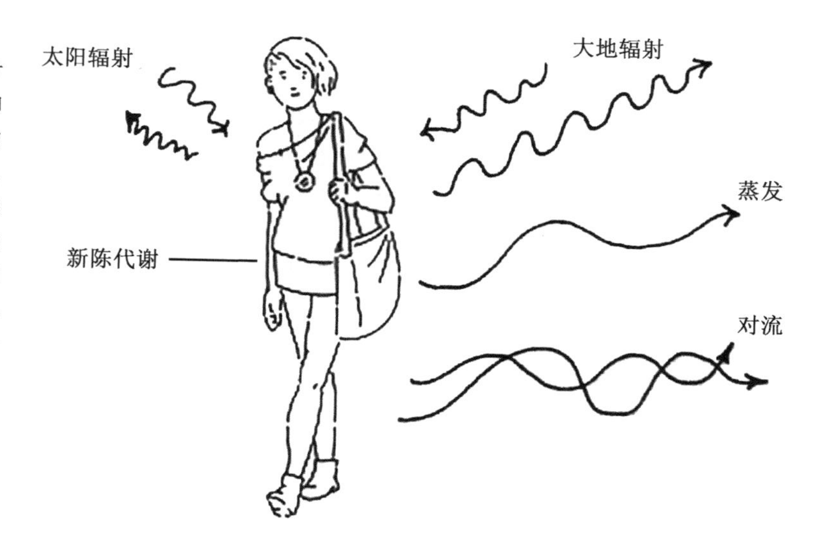

图 4-1

人体能量收支平衡计算需考虑所有能量流入和消耗的途径。如果流入的能量远大于消耗的能量，人体会感到热；如果消耗的能量远大于流入的能量，人体会感到冷；如果两者平衡，人体则会感到热舒适。图中向人体内的箭头代表能量流入途径，反之代表能量消耗途径。

结合上文，在考虑了所有能量收支后，我们能得出景观场地中人体能量收支平衡的完整公式：

■ **能量收支平衡=新陈代谢能量+接收的太阳辐射能量+接收的大地辐射能量−蒸发能量−对流能量−散发的大地辐射能量**

人体新陈代谢能量取决于活动类型。表 4−2 列举了常见活动所产生的新陈代谢量。例如当诸位坐着阅读本书时，体内会产生约 90 W/m^2 的能量。使用每平方米作为单位有助于表达人体表面积的差异。

当诸位边踱步边看本书（虽然这行为有点危险）时，体内将会产生约 120 W/m^2 的能量，而打网球时则约为 400 W/m^2。相比其他途径中的能量，新陈代谢是人体能量收支平衡的重要组成部分。

不仅在理论分析中，在日常生活中我们也能深刻领会到活动类型对热舒适的显著影响。想象在城市综合型公园中，当诸位在体育运动区刚打完篮球时身体是火热的,然后顺着林荫步道走回家,刚开始诸位可能会脱掉最外层的衣服来降低人体隔热层而让自己稍微凉快一点。当诸位走了一段路之后会发现身体慢慢凉下来了,若此时有一阵强风吹过甚至还会觉得有点冷。这就是因为活动类型的改变,大大降低了人体能量收支平衡中新陈代谢途径流入的能量。

此外,无论是太阳释放的短波辐射还是一切地球表面物体释放的大地辐射最终都会被人体以及衣服反射或吸收。景观场地中的大地辐射会大比例地被人体吸收,而太阳辐射却很难。

人们的衣着对太阳辐射的反射和吸收有较大关系,进而影响人体能量收支平衡。浅色衣服反射更多,而深色衣服则吸收更多。虽然作为设计师我们无法控制人们该穿什么颜色的衣服,但是我们有时也能根据不同场地的用途或使用时间(如节日)来考虑不同颜色衣服对人体热舒适的影响。相比衣着,设计师的"拿手好戏"是通过景观要素设计改变场地中太阳辐射途径、大地辐射途径以及对流途径的能量。

从生理学上看,人体在蒸发途径所消耗的能量包含呼吸时人体将水从肺部蒸发所消耗的能量,以及体表汗液蒸发所携带的能量。由于水在从液态变为气态的过程中(蒸发)将消耗大量能量,因此蒸发对人体具有显著的降温作用。而结合日常生活,我们会发现蒸发过程在低湿度、高温度的情况下更容易发生。这是因为空气中水蒸气的含量在一定限度内受温度影响,即温度越高,水蒸气含量就越大。因此,只有当空气中有足够空间能容纳水蒸气时,液体才会从体表蒸发。当温度高且相对湿度低时,汗液容易蒸发。然而,在温度较低或相对湿度较高的情况下,由于空气中水蒸气已接近饱和,汗液蒸发将变得缓慢或不发生,此时,蒸发产生的降温作用并不明显。

这或许就是中东地区伊斯兰园林产生的气候背景。

对流途径（Convection，C）即风消耗人体能量的过程。这部分能量的多少取决于空气温度（$T_{气}$）和体表温度（$T_{表}$）的差值以及风速大小（W_S）。下述公式可表达此关系：

$$C = f(W_S) \times (T_{表} - T_{气})$$

该公式与第三章介绍的物体表面对流的计算类似。对流作用随着风的提高而增加，与体表温度和气温差值的关系也是如此。根据该公式可以发现，当体表温度和气温相同时，就不会有对流作用发生，因此不管风多大对人体都不会有降温作用。

■ **还有许多其他因素会影响人体热舒适，但它们却无法通过景观设计进行调控。**

人体热舒适的其他影响因子包括上文提及的衣着以及活动类型。使用者在此之前的活动类型（如在冬天里游泳、在阳光下跑步都会显著改变彼时的热舒适）、近期摄入的食物量及其他类似因素。虽然我们在设计中会尽可能综合考虑这些影响因素，但无法通过景观设计进行调控。

4.6 人体热舒适评价

上文对人体热舒适模型进行了简要介绍，接下来将深入阐述当下主流的人体热舒适评价，包括小气候热舒适评价方法与模型，以及热舒适评价范围。

4.6.1 小气候热舒适评价方法与模型

（1）基于心理的主观评价方法

人体是唯一能真实测量场地小气候热舒适的“仪器”，每个人对热舒适都有自己的感受和判断。当人们进入某一场地，大脑感受到各种信息之后就会产生关于此时热舒适程度的主观评价,如太暖、太冷或是刚好等。

主观评价方法指利用基于李克特量表设计的小气候热舒适问卷,调查受试者在景观场地中的小气候热舒适状况,包括热感觉投票(Thermal Sensation Vote, TSV,如表 4-3)、热舒适投票(Thermal Comfort Vote, TCV,如表 4-4)、各小气候要素的感觉投票(如表 4-5)等。当前热舒适问卷投票的设计并没有形成统一的标准。

问卷调查方法可分为受试者组间与组内测试,前者通常在每个实验点随机招募数量相近的受试者进行问卷调查,后者要求所有受试者在所有实验点都要进行问卷调查。组内测试有利于降低受试者个体异质性对结果稳定性的干扰。

(2) 基于物理—心理的主客结合评价模型

基于物理—心理的主客结合评价模型指通过耦合主观问卷以建立不同热舒适评价区间的人体能量收支平衡模型。

表 4-3 7 点标度热感觉投票

-3	-2	-1	0	+1	+2	+3
太冷	冷	凉	不冷不热	暖	热	非常热

表 4-4 5 点标度热舒适投票

-2	-1	0	+1	+2
非常不舒适	不舒适	中性	舒适	非常舒适

表 4-5 7 点标度的空气温度、太阳辐射、风速与相对湿度感觉投票

-3	-2	-1	0	1	2	3
太低了	低	有点低	适中	有点高	高	太高了

自从盖奇（A. P. Gagge）于 1930 年代首次使用“二节点模型”模拟人体与环境间的热交换开始，到 1970 年代范格（P. O. Fanger）提出预测平均投票（Predicted Mean Vote，PMV），现今学术界已经产生了数十种基于人体能量平衡的评价模型，如湿球温度（Wet-Bulb Globe Temperature，WBGT），生理等效温度（Physiologically Equivalent Temperature，PET），人体热舒适方程（COMfortable FormulA，COMFA），通用热气候指数（Universal Thermal Climate Index，UTCI），户外标准有效温度（Outdoor Standard Effective Temperature，OUT_SET*）以及热压力指数（Index of Thermal Stress，ITS）等。

其中被众多学者采用并在不同气候区中不断验证其有效性的模型有 PMV、PET、COMFA 以及 UTCI。以下将概述不同模型的基本机理以及对比各模型的优缺点，后续章节将详细介绍 COMFA 模型。

① COMFA

COMFA 是罗伯特·布朗（Robert D. Brown）和特里·吉莱斯比（Terry Gillespie）在 1995 年基于人体能量平衡原理开发的专门用于计算与评价户外小气候热舒适的能量模型。它的基本原理方程如下：

$$EB = M + R_{abs} - C - E - L$$

其中，M 指人体新陈代谢产生的热量；R_{abs} 指流入人体的总辐射能量，包括太阳辐射与大地辐射；C 指对流途径消耗的能量；E 指人体通过呼吸途径消耗的能量；L 指大地辐射途径释放的能量。以上所有参数的单位皆为 W/m^2。

EB，Energy Budget 即 COMFA 模型计算结果，使用者可参照其 5 点标度的热舒适表得出当下的热舒适感受（表 4-6）。

② PET

生理等效温度（PET）的定义为“维持人体热平衡且人体核

心和皮肤温度与所评估条件下的温度相等的空气温度”。PET基于慕尼黑人体能量平衡模型(MEMI)原理,其方程为:

$$M + W + R + C + E_{D} + E_{Re} + E_{Sw} + S = 0$$

其中,M 为体内食物代谢产生的热量;W 是行为活动产生的热量;R 是人体净辐射能量;C 是对流能量;E_{D} 是将皮肤表层体液蒸发成水蒸气的潜热流;E_{Re} 是将吸入的空气加热与加湿所需的热量;E_{Sw} 是将皮肤表面汗水蒸发消耗的热量;S 是为加热或冷却人体组织所存储的热量。以上所有项的单位都是 W,失热用负号表示。

PET 是参考环境中的等效空气温度,在该参考环境中风速为 0.1 m/s,蒸气压为 1 200 pa,相对湿度为 20%,空气温度为 20 ℃。在户外环境中人体热平衡根据皮肤与身体核心温度来衡量并以此进行评估。PET 越高,人体感觉越热。PET 具有类似于空气温度的可读性,有利于非专业人士以此来评估复杂的户外环境,在研究中得到广泛应用(表 4-6)。

③ UTCI

通用热气候指数(UTCI)的开发基于一个 12 个节点的人体模型,用以预测等效环境温度。与 PET 类似,该温度代表在一

表 4-6 常用小气候热舒适模型不同热感觉对应阈值

模型	非常热	热	温暖	有点温暖	不冷不热	有点凉	凉	冷	非常冷
COMFA/(W/m^2)	>150		150~50		50~-50	-50~-150		<-150	
UTCI/℃	46~38	38~32	32~26		26~9	9~0	0~-13	-13~-27	-27~-40
PET/℃	>41	41~35	35~29	29~23	23~18	18~13	13~8	8~4	<4
PMV/℃	>3		2	1	0	-1	-2	<-3	

个参考环境中产生与实际环境相同的热条件。UTCI 运用人体模型以模拟神经系统来调节热生理反应。

在参考环境中辐射温度等于空气温度，相对湿度为 50%，风速为 0.5 m/s（距离地面 10 m 高处），人体运动速度为 4 km/h，人体代谢速率为 135 W/m^2。模型并不考虑人体真实的服装水平，而是根据空气温度与风速自动计算生成。

④ PMV

预测平均投票（PMV），由范格在 1972 年建立，是一种预测受试者实际热舒适的指数，其公式如下：

$$PMV = (0.303e^{0.036M} + 0.028)(M + W + Q + Q_h + Q_l + Q_{sw} + Q_{re})$$

其中，M 为体内新陈代谢热量；W 为行为活动产生的能量；Q 为人体与周围环境辐射能量总收支；Q_h 为人体与周围空气的对流热量；Q_l 为使皮肤表层水分蒸发消耗的热量；Q_{sw} 为汗液蒸发消耗的热量；Q_{re} 为呼吸产生热量。该方程建立于样本量为 1 565，变量为气温、辐射温度、风速、相对湿度、代谢率和衣物等的实验。

PMV 值通常在冷（-3）至热（+3）的范围内，其中 0 表示中性状态。但在极端高温条件下，PET 值可能会超出此范围。尽管 PMV 最初是为室内环境评估而开发，但研究人员已将其用于扩展评估室外环境。

总之，以上四个最常用的小气候舒适度物理—心理评价模型虽然都是基于人体能量平衡原理，但也存在差异。各人体热舒适模型的不同热感觉阈值见表 4-7。以下将从参数输入、模型结构设计、结果易读性以及实验结果验证展开比较。

在参数输入要求方面，首先，PET 与 COMFA 都考虑了个体的异质性，如年龄、体重、衣着等，而 UTCI 与 PMV 则没有考虑。其次，对于风速 UTCI 模型需要位于 10 m 高处的数据（最小值为 0.5 m/s），而其他模型则为 1.2~1.5 m 高处的数据，因此相比其他三者,UTCI 更适用于街区尺度的热环境评估。

在模型结构设计方面,COMFA 的运算基于 EXCEL 的开放结构,使用者能够看到能量收支平衡方程中的各能量流具体数值,而 UTCI、PMV、PET 三个模型为闭合结构,使用者无法看到各能量流的具体大小,只能得到最后的单一数值,因此会影响到模型扩展以及分析制定针对性改善策略的能力。

在结果易读性方面,四个模型的输出结果可分为两类:一类以 W/m^2 为单位,如 COMFA;另外一类以℃为单位,有 UTCI、PMV 和 PET。前一类的单位直接以热量单位 W/m^2 呈现,且没有特定的参考环境,相较后其他模型易读性更强。再者,由于第二类模型输出值均基于自身设定的不同参考环境,故其虽以人们更为熟悉的℃为单位,但是其数值与实际情况没有直接映射关系,需要结合其设定的参考环境才能解释。

在模型验证方面,四个模型都在全球不同气候区得到大量的验证。相关研究表明,在我国上海市(夏热冬冷地区)以及广州市(夏热冬暖地区),对户外人体热舒适评价表现最好的为 COMFA 模型。

因此本书认为在众多小气候热舒适模型中 COMFA 模型能够较为精准地评价与预测我国夏热冬冷与夏热冬暖地区景观场地小气候中的人体热舒适,并且能够用于优化景观场地小气候的相关研究。

表 4-7 常用小气候热舒适模型特点对比

模型	结构设计开放性	结果易读性	无特定参数要求	个体异质性	无特定参考环境	舒适度参照表
COMFA	✓	✓	✓	✓	✓	✓
UTCI	×	×	×	×	×	✓
PET	×	×	✓	✓	×	✓
PMV	×	×	✓	×	×	✓

4.6.2　小气候热舒适评价范围

除了各小气候热舒适模型自带的评价范围之外，全世界各地学者们也通过模型计算结果与当地调查问卷建立了各气候区乃至某些城市的人体小气候热舒适评价范围。

在国际上，巴西的研究得出 PET 值低于 19 ℃时人们将感觉到“冷”，全年热感觉中性 PET 值为 19～27 ℃；而 PET 值大于 27 ℃时人们则会感到“热”，夏季的中性温度和偏好温度分别为 27.7 ℃和 20.9 ℃，而冬季的热感觉中性温度和偏好温度分别为 15.9 ℃和 14.9 ℃。欧洲的研究得出热感觉中性 PET 值为 18～23 ℃。

在 UTCI 方面，地中海的相关研究得出当人体感到舒适时的 UTCI 值为 17.4～24.5 ℃，而在巴西该值为 18～23 ℃。

在 COMFA 方面，美国亚利桑那州的研究发现人体的热舒适范围为 −20～120 W/m^2，而得克萨斯州的研究发现儿童的热舒适范围为 −110～40 W/m^2。

在 PMV 方面，研究发现亚洲地区的修正系数为 0.7。

在国内，上海地区的研究发现热感觉中性 PET 范围为 15～29 ℃，台湾地区热舒适中性 PET 范围在 26～30 ℃，春季武汉地区的热感觉中性 PET 值约为 21.1 ℃，广东地区户外空间夏、秋、冬三季 80% 接受率的 PET 范围为 14.5～29.9 ℃。

在 UTCI 方面，天津地区的热舒适范围为 12～25 ℃。

在 COMFA 方面，上海地区的夏季，当 COMFA 值≤81 W/m^2 时，人体热感觉为不冷不热；当 COMFA 值在 82～98 W/m^2 时为微暖；当 COMFA 值在 99～138 W/m^2 时为暖；当 COMFA 值在 139～371 W/m^2 时为热；当 COMFA 值≥372 W/m^2 时为非常热；而在冬季，COMFA 值在≤27 W/m^2 为微凉；当 COMFA 值在 28～65 W/m^2 为不冷不热。

4.7　小气候要素对人体热舒适的影响

前文分析了小气候各要素与人体物理和生理作用以及能量收支平衡的相关理论，但在景观场地中能量收支平衡主要受相对湿度、气温、风和辐射四种小气候要素的影响。其中前两者无法通过景观设计高效调控，而后两者则可以（图 4-2）。

湿度

由于空气分子剧烈的自由混合效应，除了一些被四周围合的地方，景观中所有位置的相对湿度都相差无几，因此我们较难通过设计来影响相对湿度。

空气温度

同样由于空气分子剧烈的自由混合效应，同一时刻在景观场地特定高度的任意地方的气温都相差无几。虽然不同海拔高度的气温会有所变化，但是同一海拔高度上的气温却相近。回顾第一章中我们对比了停车场和树荫下小气候的差异。但此差异并非由气温所致，事实上人们在两种小气候中感受到的气温相差无几，主要原因是太阳辐射和大地辐射能量的不同。

图 4-2

在影响人体能量收支平衡的四种小气候要素中，只有风和辐射可以通过景观设计高效调控，而气温和相对湿度却不行。因此设计师可主要围绕风和辐射来实现小气候设计目标。

■ **气温虽然会显著影响景观场地中的人体热舒适，但却无法通过景观设计高效调控。**

风速与风向在空间和时间上变化强烈，是显著影响人体热舒适的重要因素。设计师通过景观要素能调控风速与风向进而提升场地人体热舒适。风对景观场地热舒适的影响将在第七章中详细讨论。

辐射

太阳辐射与大地辐射随着时间和空间发生变化并影响景观中的人体热舒适。设计师通过景观设计能调控太阳辐射与大地辐射进而提升场地人体热舒适。辐射及其如何被小气候影响将在第六章中详细讨论。

■ **风和辐射是能通过景观设计调控的小气候要素。**

总之，风和辐射是营造舒适景观小气候的关键要素。通过景观设计调控场地中气温和相对湿度非常困难且收效有限，而调控风和辐射来实现小气候设计目标是更合理且高效的途径。

4.8　景观场地小气候设计中人体热舒适模型的应用

在景观场地小气候设计中运用人体热舒适模型可以分为多个层次。掌握本章节的知识就是第一个层次（初级层次）。

在日常设计实践中可以运用以下几个基本原则，但在设计之初需要明确的是：

■ **小气候设计的目的是使大多数人在主要使用时间中感到热舒适。**

在设计过程中，虽然有大量的细节以及不同人群间的细微

差异需要考虑,但我们首先需要进行宏观把握(主要活动空间、主要使用人群、主要使用时间),再处理设计细节。

接下来,设计师需要思考场地一年四季间风与人体间关系的变化。正如上文所述,对流途径的能量取决于人体皮肤温度与空气温度之差以及风速。

在夏天常会有两种场景出现,第一种场景是空气温度与体表温度十分相近,此时无论风速大小,对流途径能量都非常有限,即对人体的降温作用很小。第二个场景是空气温度比体表温度高,此时一旦有风,对流途径就会变成人体能量收支平衡的流入侧,即对流作用会使人感到更热,如在桑拿房中汗蒸。据报道全球每年因为夏季热浪致死的人数正在逐年攀升。

而在冬天,气温比体表温度低很多,此时对流的降温作用为全年最大。此时如果人们在低温天气时进行户外活动,即使是微风也会感到过冷。

所以在景观场地小气候设计中应该注意:

- **在炎热天气(如夏季),风并不是营造人体热舒适主要考虑的主要因素,因为此时气温与体表面温度相近,对流作用较小。**
- **而在寒冷天气(如冬季),降低风速对人的影响是营造人体热舒适的主要方法。对流取决于气温与体表温度之差以及风速,温差越大,对流的降温作用越显著。所以在寒冷天气调控风是营造人体热舒适的主要手段。**

太阳辐射是营造人体热舒适中另一个关键的小气候要素。与风不同,太阳辐射能量并不会受气温影响,相反它还会显著影响地表温度(见第二章和第三章)。太阳辐射能量受太阳高度角影响。大家在日常生活中都可以观察到夏季时太阳高度角较大，此时太阳辐射能量较高；而冬季时太阳高度角较小，太阳辐射能量则较低。

值得注意的是，太阳总是以相同的频率释放太阳辐射。也就是说，不管春夏秋冬，任何时候 400 W/m^2 的太阳辐射对人体产生的作用是一样的。相对于对流途径在冬夏两季具有不同的作用，太阳辐射在全年对人体热舒适的影响都是一致的。这对小气候设计意味着：

■ **在炎热天气（如夏季），小气候设计需先考虑如何调控辐射，其次考虑如何调控风。**

炎热天气的太阳辐射强烈，是能量收支平衡的主要流入途径。因此调控太阳辐射可以有效营造人体热舒适。

■ **在寒冷天气（如冬天），小气候设计需先考虑如何调控风和对流途径，其次考虑如何调控太阳辐射。冬季的太阳辐射是次要影响因子，小气候设计的主要手段是降低风速，而无须过多担心太阳辐射的影响。**

在其他季节，太阳辐射和风作用差异并不明显，甚至相同，因此：

■ **当设计一个适于春秋季节使用的场地时，理论上太阳辐射与对流作用处于同等地位，但在实际操作中通常会先考虑如何调控风，其次是太阳辐射。**

为证实上述原则是否符合诸位自身的主观感觉，请回想在

第一章中有关夏天时人们试图让自己在停车场更凉爽些的例子。人们大都喜欢凉爽的微风,而只有在树荫下才会感受到风带来的凉意并实现热舒适。因为当气温非常高时,诸位感受到的可能会是热风。

然而在冬季大风天,人们走在路上时可能不会注意到有没有太阳光,因为此时寒风对于人体热舒适的影响更大。只有当走进公交候车亭等车时,由于风已被阻隔,人们才会特别关注是否有太阳光,此时只要有一点阳光就能带来温暖。

4.9 参考案例

下列案例有助于更好地理解上述原则的应用:

夏季案例

咖啡厅业主委托诸位增设一个适合夏季午间户外用餐的露台,就如苏州科技大学江枫校区伍松园旁的沿河用餐空间。由于午餐时段的太阳辐射最强,气温也接近最高(最高气温通常在下午2—3点),因此营造用餐热舒适的主要矛盾是降低太阳辐射能量。一旦明确主要矛盾,我们就能有针对性地解决问题并找到适用的方法,例如使用配套大遮阳伞的户外餐桌、增设攀藤廊架、增植大乔木以提供树荫,等等。

冬季案例

假设业主委托诸位在滑雪场旁的餐厅拓建一个户外用餐空间,遵循以下原则就可以为顾客营造一个热舒适环境。首先是风向,由于人们更愿意晴天时在户外用餐,结合历史天气数据得知此时通常为北风或西北风,因此诸位可以利用常绿树、灌木、景观小品等或调整场地位置来降低寒风形成的对流作用。其次是太阳辐射,场地需朝南并在南向避免有遮挡,以此获得最大的太阳辐射能量。设计师需在遵循以上两个设计原则的基础上进一步根据实际情况调整细部设计。

春秋案例

思考一下如何提升大学校园户外咖啡店在春季(2月份开学后)和秋季(9月份开学后)午餐时段的小气候热舒适。正如上文所述此时风和太阳辐射处于同等重要的地位,但是在操作中我们一般先调控风,后调控太阳辐射。

首先我们需要明确此地历史上晴天时的盛行风向,并利用植物或构筑物来降低风速。其次是太阳辐射,由于春秋时节天气冷热变化较大,因此建议使用较为灵活的可自行控制的收缩遮阳伞或棚架。

4.10 用COMFA模型分析能量收支平衡细节

本章所阐述的内容足以帮助实现大多数小气候设计目标。然而有时我们还需要更详细地分析人体热舒适。为此,我们将详细介绍人体热舒适模型 COMfortable FormulA(COMFA,康法)。它是由本书的其中两位作者,罗伯特·布朗(Robert D. Brown)和特里·吉莱斯比(Terry Gillespie)在1985年基于能量收支平衡公式开发的一款有助于景观场地小气候设计的户外人体热舒适模型。他们有针对性地考虑了景观中人体能量的获得和流失。如果诸位对数学公式不感兴趣,那么只要理解其原理也能大致掌握如何使用。然而,了解这些数学公式的细节能让诸位更深入地理解景观小气候如何影响人体热舒适。

附录A包含了基于BASIC与Python语言的完整COMFA模型公式代码,可在对应的软件平台上自行运算。在此,我们将讨论COMFA模型中的主要组成部分及应用。

COMFA模型的基本原理与任意表面的能量收支平衡公式(见第三章)相似。我们只需要增加新陈代谢能量和调整衣着影响的对流能量即可。COMFA模型的主体为:

能量收支平衡=辐射吸收量+代谢能量-对流能量-蒸发能量-人体大地辐射能量

其中：

• 辐射吸收量为人从太阳和地表获得的短波辐射与大地辐射总和；

• 代谢能量为人体自身新陈代谢产生的能量；

• 对流能量为通过风的对流获得或损失的能量，如果空气温度高于体表温度则对流能量为负值；

• 蒸发能量为通过呼吸蒸发和汗液蒸发所损失的能量；

• 人体大地辐射为人体向外界释放的长波辐射能量。

假设甲方委托诸位在城市综合性公园中新建一个休息、用餐区域并要求餐桌处有最佳的小气候。首先，需要知道人坐着吃饭时会产生多少新陈代谢能量，从附录表 A-1 中可知，该值约为 90 W/m^2。其次，从附录表 A-2 中可获得衣服的隔热性和透风性。夏季常规衣着的隔热性为 75，透风性为 150。

接下来，输入测试时间的气候数据，从最近气象站可知气温为 28 ℃，相对湿度为 75%。辐射能量可选择估算也可详细计算。简言之，我们需要测量在餐桌处有多少太阳辐射被反射，有多少被吸收，有多少被透射，最终得到有多少太阳辐射和大地辐射能被人体所吸收。

附录 B 详细介绍了四种景观场地中人体所获辐射能量的计算方法。本案例的计算基于附录 B. 1。

假设一个无云晴天，天空中的太阳辐射为 900 W/m^2，太阳高度角为 45°。若场地中无遮阴，则人体吸收的太阳辐射为 514 W/m^2；若场地中有轻微遮阴（到达树下的太阳辐射为 50%），则为 441 W/m^2；若有较大遮阴（到达树下的太阳辐射为 20%），则为 412 W/m^2。

虽然我们难以在复杂的户外环境中准确测量风，但仍有一些测量方法可以满足模型要求。一般城市气象站采集的风速为距离地表 10 m 高处的数据，而我们需要的是 1.5 m 高度的数据。由于风速会随着高度的增加而提高且可通过公式进行推算,因此可代入 10 m 高处的数据可以得到 1.5 m 高处的风速(详见附录 C)。

假设 10 m 高处的风速为 5 m/s,通过计算后可得 1.5 m 高处的风速为 3.6 m/s。

若将无遮阴时的太阳辐射能量(514 W/m^2)和风速(3.6 m/s)代入 COMFA 模型中,可得 COMFA 值约为 150 W/m^2。结合附录表 A-3 可判断此时人将会感到过热。接下来,我们来看看遮阴对该景观场地热舒适的改善作用。

当有轻微遮阴时,即太阳辐射能量(441 W/m^2)和风速(3.6 m/s),通过计算可得 COMFA 值约为 78 W/m^2。与无遮阴相比,此时的热舒适度得到了明显改善。当有较浓遮阴时,即太阳辐射能量(412 W/m^2)和风速(3.6 m/s),通过计算可得 COMFA 值约为 49 W/m^2,此时使用者将会感到舒适或微热。

通过上述例子我们证明了定量模型对设计具有巨大作用。COMFA 模型结合计算机可以帮助设计师在小气候设计时创造性地调整设计景观要素,并验证新方案在提升人体热舒适方面的效果。

4.11　总结

营造人体热舒适是小气候景观设计的关键目标。如果目标场地主要使用季节为夏季,则首先要思考如何调控太阳辐射,其次是调控风。如果目标场地的使用季节为春、秋、冬季,则首先需要思考如何调控风,其次是调控太阳辐射。

4.12　思考

1. 在炎热的夏天,诸位能否仅基于从天气预报中获得的湿度数据就能判断此时户外任意地方的热舒适度?请给出完整结论及还需要增加的信息。

2. 在寒冬腊月,诸位能否仅基于从天气预报中获得的寒冷指数信息就能判断户外任意地方的热舒适度?请给出完整结论及还需要增加的信息。

3. 请重新思考第一章问题 1 的庭院设计。此时诸位在设计时会如何考虑人体热舒适?这与诸位在阅读第一章时给出的建议有何不同?为什么?

4. 请重新思考第一章问题 5 的露台设计,诸位会如何考虑人体热舒适?这与诸位在阅读第一章时给出的建议有何不同?

5. 假如业主委托诸位在沙滩旁设计一个排球场,请思考沙滩上晒太阳的人所需的小气候和排球运动员是否不同?两者活动对小气候的差异是否需要不同的场地选址?对于晒太阳的人或排球运动员,诸位还能想到需要什么其他设施或小气候?

6. 社区委员会委托诸位在社区公园里增设一个户外溜冰场。诸位觉得在选址时需要考虑哪些要点?维持溜冰场冰面的小气候与人体热舒适所需的小气候一样吗?

7. 市园林局要在综合性公园中新建一条能满足不同使用人群的多用途硬质道路。诸位觉得散步、慢跑、快跑、骑行等人群对场地特征有何各自需求?这些场地特征在一年四季中有何改变?在设计中如何平衡不同人群的需求?

第五章
降低建筑能耗

■ **降低建筑能耗是营造景观场地小气候的重要原因之一。**

5.1 引言

营造景观场地小气候能显著降低建筑采暖和制冷所消耗的能量。当能源价格低廉且较为普及时,人们在新建房子时对隔热性与节能效果的要求就不是很高,但随着全球气候变化、极端天气发生频率变高、全球能源危机的来临,建筑节能变成了当下城市人居环境建设的重要目标。类似情况在1970年代已经发生过,历史正在重演。

如今得益于墙壁和天花板中大量的隔热材料和密闭结构减少了建筑热损失,以及窗户的合理布局也能在寒冷晴天为室内提供充足的太阳辐射,建筑能大幅度降低能耗。然而,大部分老旧建筑的隔热材料性能通常较差,门窗密闭性低并无法获得足够太阳辐射,此时只能受益于周围的小气候。

■ **景观场地小气候设计可以显著影响建筑采暖和制冷的能耗。**

小气候所能产生的建筑节能效果还取决于建筑结构,隔热性与密闭性较差的房屋能依靠小气候节约更多的能源。

如前一章所讨论的人体热舒适，描述景观影响建筑能耗的方式同样也有很多，但最合理的如下：

■ 哪些小气候要素会影响建筑能耗？景观场地设计如何影响小气候？

通过景观场地小气候设计降低建筑能耗最有效的方法，首先，是先理解小气候要素如何影响建筑能耗，即明确哪些小气候要素具有显著性影响；其次，明确哪些小气候要素能通过景观场地设计进行调控。通过上文的学习，我们已经掌握对人体热舒适有显著性影响的小气候要素，它们同样也会显著影响建筑能耗（虽然不是完全一致）。

5.2 建筑能量收支平衡模型

正如第三章和第四章所述能量收支平衡模型可运用于任何景观物体，这能让我们能够精确且客观地理解能量的流入和消耗。

■ 通过计算建筑能量的流入和消耗能得到建筑能量收支平衡情况。

下述公式列出了建筑流入与消耗的能量（图 5-1）：

能量收支平衡＝净辐射能量（太阳辐射与大地辐射）＋内部热源能量－对流能量－传导能量－气体交换

■ 人体能量收支平衡计算结果对应于人体热舒适，而建筑能量收支平衡计算结果则表示维持建筑内部气温所需的能量。

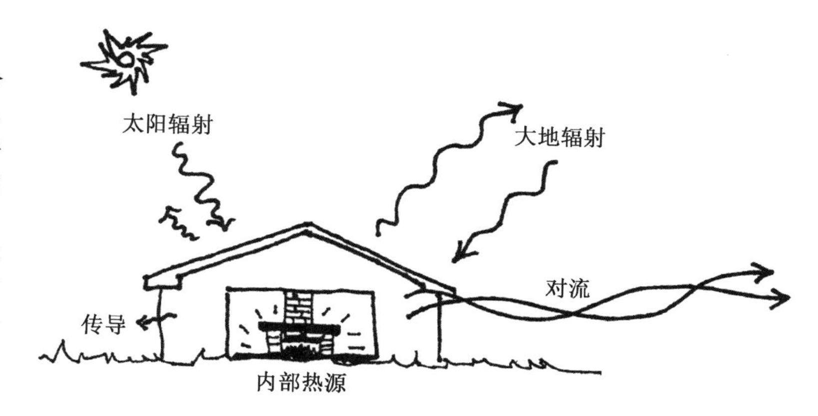

图 5-1

建筑能量收支平衡分为流入能量和消耗能量，其原理与人体能量收支平衡类似，但有途径上的差异。

能量收支平衡 = 净太阳辐射 + 净大地辐射 + 内部热源能量 - 对流能量 - 传导能量 - 气体交换

大部分寒冷地区或严寒地区的建筑都有室内加热设施，如中央空调、电热器、火炉、壁炉或其他类似设施，甚至还有用于处理过热状况的降温设施，这些设施的共同目标就是将室内温度维持在 18~20 ℃。

当建筑周边的小气候与室内所需状态相近时，只需要消耗较少甚至无需能量来维持室温。相反，若建筑周边的小气候与室内所需状态相差较大时，则需要更多能量。因此，通过景观场地设计营造与室内所需相近的小气候可以降低建筑能耗。

■ 无论能量是流入建筑还是从其中流出，都遵从高温向低温区域的运动方向。

■ 能量对于建筑可以是流入或者流出。辐射能量包含了建筑吸收的太阳辐射和大地辐射，以及自身释放的大地辐射。内部热源能量既可能用于加热也可能用于降温。对流和传导能量既可能是能量的流入途径也可能是消耗途径，这都取决于室内外之间的温差。

■ 在绝大多数情况下建筑表面都较为干燥,因此蒸发并不是影响建筑能量收支平衡的主要因素。但在雨天过后,由于蒸发的显著降温作用,建筑热量将会得到较大降低。另外,当建筑立面覆盖有爬藤植物时,因植物水分的蒸发,建筑的热量也会得到降低。

任何建筑能量收支平衡模型都包括流入侧和消耗侧的能量。对于大部分处于寒冷地区与严寒地区的建筑,两个主要的流入能量分别是内热(中央空调、电暖器、壁炉等)和吸收的太阳辐射能量。若太阳辐射从窗户进入室内可以直接提高室内温度;当太阳光照射到屋顶和墙壁时,被加热的建筑表皮可降低在传导途径所流失的能量。建筑吸收的太阳辐射能量与其表皮反射率相关,深色建筑吸收能量比浅色建筑多。建筑内部吸收的太阳辐射能量取决于室内材料的反射率。

对流是建筑能量流失的主要途径。对流能量取决于外界空气温度与建筑表皮温度以及风速三个因素。对流的产生途径有两种:(1) 经由墙壁、门窗和屋顶从室内传递到室外;(2) 由门窗缝隙间的空气流动形成室内外能量交换。无论以上哪种方法都与建筑周边环境的风速有关,通常建筑能耗随着周边风速降低而下降。

大地辐射是能量流失的另一途径,即建筑自身释放的大地辐射与从周围环境中获得的大地辐射能量之差,其总量取决于二者的表面温度,除非内外温差非常大,否则不会有太多能量通过这一途径流入或流失。

其他影响建筑能耗的因素还包括材料的隔热性和门窗的密封性等。

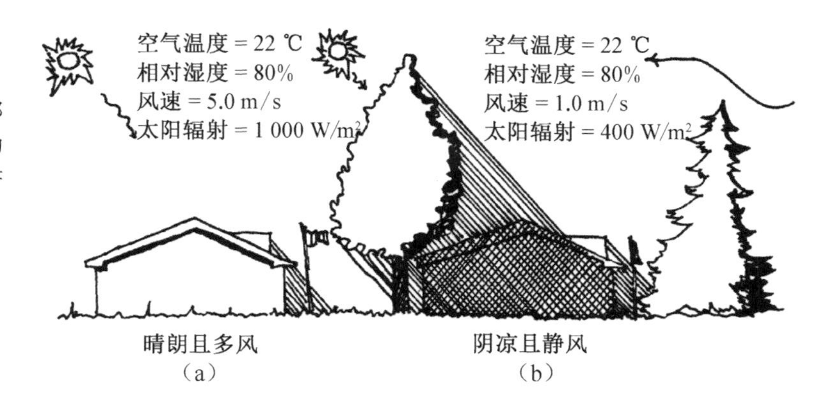

图 5-2

景观场地设计使相邻两栋建筑周边小气候中的风和太阳辐射具有显著差异。

5.3　景观场地小气候设计对建筑能耗的影响

对于上文阐述的影响建筑能量收支平衡的四个小气候要素,其中有两个能通过景观设计进行调控。正如我们曾论述过的相对湿度和空气温度较难通过景观设计进行有效调控,而风与辐射(太阳辐射与大地辐射)却可以(图 5-2)。

■ **与人体热舒适类似,风和辐射可被景观设计显著调控并且影响建筑能耗。**

5.4　结合建筑能耗的景观场地设计

虽然建筑周边景观设计有规律可循,但这些规律并不是放之四海而皆准,对于特殊情况的处理还需因地制宜。

■ **与人体热舒适相比,太阳辐射和风在不同季节对建筑能耗的相对重要性还不够明确。**

■ **在考虑小气候人体热舒适时,由于绝大多数情况下人体皮肤温度高于周边空气温度,因此能量流动是单向的(但请注意,随着全球气候变暖与极端天气频发,单向的能量流动正在逐渐变成双向流动),这使人体能量收支平衡计算变得相对简单。**

而建筑室内与表皮温度既可能高于也可能低于室外空气温度，因此能量流动是双向的，这使得建筑能量收支平衡计算变得较为复杂。

建筑施工方法、材料和工艺多种多样，不同类型的建筑也对小气候的反应不同。

■ 如果建筑的隔热性和密闭性都很好，即使在寒冷或严寒地区，风对建筑能耗的影响都很小，此时太阳辐射是全年最重要的影响因素。

若建筑具有较好的隔热性与密闭性意味着空气流动所产生的能量损失将大大降低。由于建筑内外能量交换缓慢，此时风的影响甚微。因此当户外空气温度低于建筑内部时（常发生于晚秋、冬季、早春），降低建筑能耗的最好方法是将更多太阳光引入室内；而当户外空气温度高于建筑内部时（常发生于晚春、夏季、早秋），则相反。至于如何提高或降低室内的太阳辐射能量有诸多的设计方法，后续章节将会深入讨论，以下为三个参考方法：

1. 在建筑周边合理种植落叶乔木。落叶树既能在夏季为建筑提供树荫，又能在冬季落叶后将阳光引入建筑内部。

2. 在建筑立面安装遮阳棚。遮阳棚既可在太阳高度角较低时（冬天）将阳光引入建筑内部，又可在太阳高度角较高时（夏季）遮挡阳光。

3. 安装可移动的遮阳设施。

只要发挥想象力，还有其他的很多途径可以达到要求。

■ 若建筑整体的隔热性和密闭性都不好，则风是冬季建筑

能耗的主要影响因素,此时小气候设计的目标之一是降低建筑周边风速。

寒冷地区或严寒地区的大部分老旧建筑往往都不具备特别好的隔热性和密封性,因此建筑能耗很大程度受其周围风环境影响。当冷风吹过表面温度较高的建筑时,对流作用将持续促使能量从建筑流向外界直至户外空气温度与建筑表面温度相等。室内外温差越大且建筑隔热性越差,流失的能量就越多。

风除了从建筑表面带走能量之外,也会在建筑缝隙间产生对流作用。当冷风从门框、窗框的缝隙进入温度较高的室内后,建筑内部就需要额外能量将部分空气加热。

风速越快,对流作用就越显著。如果建筑周围的风速越低,则能量流失越少,即建筑能耗越低。正如上文对冬季人体热舒适影响要素的讨论一样,在冬季,风是建筑能耗影响最大的因素,而辐射则为次要因素。

■ **在夏季,太阳辐射是降低建筑能耗最关键的调控因素,即炎热季节时应通过景观场地设计优先降低建筑获得的太阳辐射能量。**

相比冬天,在夏季室外空气温度与理想的室内温度较为接近,所以对流作用较为不明显,但如果是极热天气,对流作用则会使建筑变得更热,当下这种情况越来越普遍。因此辐射通常是降低建筑夏季能耗最主要的因素。

■ **太阳直接照射建筑会加热建筑表层。在冬季吸收的太阳辐射抵消了对流从建筑屋顶和内部带走的能量,因此景观场地设计应使建筑在冬季尽量暴露于阳光下。**

在冬季,所有能量来源对于降低建筑能耗都十分重要。因此,景观场地设计要促使太阳光能够直接照至建筑立面、屋顶并透过窗户进入室内。

■ **在夏季,太阳光会直射建筑外墙和屋顶扩大了建筑内部与建筑表层的温差,从而导致一大部分能量经由建筑墙体进入内部。景观场地设计在夏季需为建筑提供足够的遮阴。**

与营造人体热舒适类似,景观场地设计在夏季需为建筑提供遮阴。请注意相比冬天,在夏天室内外温差较小,因此对流作用较弱,故太阳辐射是夏季降低建筑能耗最关键的调控因素。

■ **由于在夏季室内外温差较小,因此风对建筑能耗的影响也相对较小。但当室外空气温度高于建筑表层温度时,对流作用则将增加建筑的能量,此时室外温差越大且风速越高,对流作用则越大。**

我们通常认为在夏季风对建筑具有降温作用,但前提条件是户外空气温度低于建筑表层温度。但当户外空气温度高于建筑表层温度,风产生的对流作用将会使建筑变得更热。

■ **综上所述,为了降低建筑能耗,景观场地设计在夏季应为建筑提供足够的遮阴,并在春秋冬三季使太阳光直接照射至建筑表面,并在冬季阻挡寒风。**

以上这些设计原则适用于绝大多数情况,对于一些特殊情况将在后续章节进行讨论。

5.5　应用案例

■ **若想降低建筑能耗,景观场地设计应让建筑在春季、秋季、冬季获得充足阳光并避开寒风,并在夏季为建筑提供足够遮阴[图 5-3(a)和(b)]。**

图 5-3

若想通过景观场地设计降低建筑能耗,应在冬天为建筑提供充足阳光且降低风速(a),在夏季为建筑提供足够遮阴(b)。

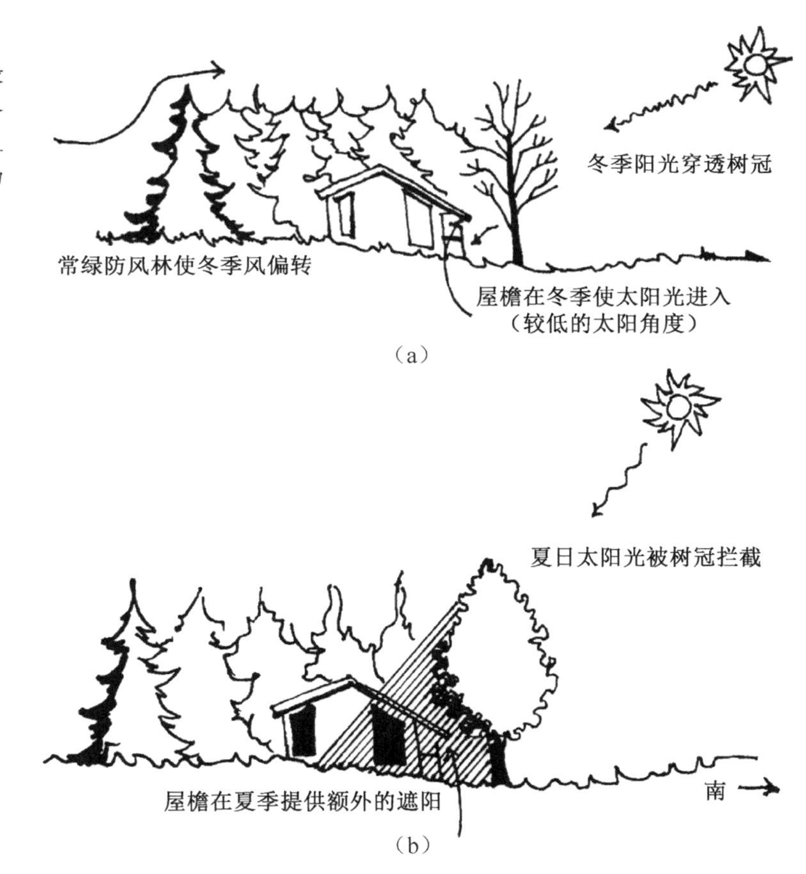

降低全年建筑能耗

实现该目标应在建筑东、南、西三侧种植晚春发芽且秋季凋零的落叶乔木，在冬季盛行风向上（一般为北、东北、西北三个方向）种植一排常绿树以阻挡秋季、冬季、春季的冷风。

降低夏季建筑能耗

在夏热冬暖地区，建筑能耗主要用于在漫长且热的夏季保持舒适的室内温度。为降低夏季建筑能耗，最关键的调控途径是降低直射建筑的太阳辐射能量。由于此时户外空气温度较高，对流对建筑具有加热作用，因此也需调控风对建筑能耗的影响。

在夏季降低建筑能耗必须首先为建筑提供足够的遮阴。在设计实践中有很多方法可以实现该目标，既可以在建筑旁种植冠大叶密的大乔木，也可以利用攀援植物覆盖建筑外墙（利用蒸腾作用降温墙体），还可以在窗户上安装遮阳设施以阻挡太阳光进入室内。

若建筑已有遮阴，应当进一步思考如何降低建筑周围的风速。若建筑暴露在强烈的太阳光下，建筑表面吸收了高强度的太阳辐射后而升温，此时风的对流作用对建筑就能产生降温作用。

改变建筑表层材料的反射率能降低建筑吸收的太阳辐射能量。即使白色与黑色的建筑表面吸收的近红外辐射与大地辐射能量都一致，但前者反射的太阳辐射比后者多。

降低冬季建筑能耗

假设要降低一栋位于北纬地区（冬季很长且夏季很短）建筑的冬季能耗，除了提高其自身的隔热性和密闭性外，还应当降低建筑周边的风速。

首先需从历史天气统计数据中找到全年盛行风向，如数据会显示冬季60%的风来自西北方向，25%是西风或北风。然后，需在这三个方向上布置遮挡物以调控冬季85%的风。遮挡物可以是常绿树或景观小品,也可以是建筑立面的覆盖物。具体的设计方法可以是在建筑的北、西、西北三个方向上种植常绿乔灌木,也可以在外墙覆盖攀援植物。

5.6 定量研究结果

研究发现在温带气候地区的寒冷时节,降低建筑周边风速(如在盛行方向布置遮挡物)能降低15%的建筑能耗,同时,让建筑暴露在太阳光下能吸收大量太阳辐射进而提高建筑温度。在部分地区,建筑无须开启附属的加热设施,只需吸收太阳辐射能量,就能满足室内热舒适,但在大部分地区,太阳辐射能量虽然无法完全代替加热设备,但也能抵消一部分需靠加热设施供暖而耗费的成本。

5.7 总结

虽然降低建筑能耗的许多应用原则都与人体热舒适类似,然而两者又具有一些差异,这在于我们的目的是让建筑能维持舒适的室内温度。室内温度有时会高于室外温度,有时却会低于室外温度,这就进一步涉及能量收支平衡计算中能量流动方向的问题。

■ 以降低建筑能耗为目标的景观场地设计对于那些隔热性与密闭性不佳的老旧建筑帮助最大。它不仅在炎热季节能为建筑提供足够遮阴,也能在寒冷季节提高太阳直射建筑内部的面积。无论是在炎热或寒冷的季节,降低建筑周边风速都是降低建筑能耗的关键。而只有在一些特殊情况中(如建筑没有遮阴),提高建筑周边的风速在夏季才是第一选择。

5.8 思考

1. 假设邻居请诸位帮忙降低他家的建筑能耗并希望效果能立竿见影且长期维持。诸位会在考察建筑主体和院子时重点记录哪些方面？会建议他先改造哪些地方，而后改造哪些地方？最后能实现什么效果？

2. 学校常委会想要降低校园建筑能耗，但又不想花大价钱整修建筑内部，希望诸位能出谋划策。诸位有把握完成这项任务吗？策略是什么？是否能提出一些对所有学校都具有普适性的原则？如果可以，这些原则是什么？

3. 开发商想要建造一个节能小区并要求不但在房屋结构上能实现节能，还需房屋布局及周边环境设计对降低建筑能耗也有帮助。诸位对于小区整体以及道路的布局有何建议？对于独栋住宅在其各自地块上如何布局以及周边景观环境又有何建议？

4. 住建局听说诸位能通过优化建筑周边景观设计来降低建筑能耗，希望诸位能起草一个规定要求所有建筑开发商在提交设计方案时都必须遵守以降低建筑能耗。诸位觉得该规定需要包括哪些设计导则？

5. 开发商希望诸位能帮他们确定一些联排别墅及其停车库的选址，诸位在考虑别墅朝向时会考虑什么因素，诸位对别墅外观特征有何建议？

第六章
辐射调控

辐射能量是小气候能量收支平衡中重要的组成部分,并且可以通过景观场地设计进行调控。辐射能量对人体热舒适、建筑能耗及其他景观要素具有显著影响,因此它也是小气候设计的重点调控对象。

6.1 引言

正如前文所述,太阳辐射能量是地球宏观天气系统的驱动力,也是形成场地小气候的主要能量来源,它对景观场地中的人体热舒适和建筑能耗具有重要影响。景观场地设计可以通过调控辐射能量实现改善小气候的目的。请谨记,辐射和风是营造景观场地小气候最重要的两个要素。

辐射也是景观小气候中较难理解的一个要素,很大部分的原因是难以将其可视化。因此我们需要具备在脑海里想象辐射从哪来及其与物体表面作用过程(吸收、反射或透射)的能力。我们在第二章首次提及辐射能量概念,本章将对其进行详细阐述。

让我们从基础概念再次开始吧。

■ **所有客观存在的物体都在释放辐射**。

太阳、人造光源,甚至诸位自身以及这本书每时每刻都在不断地向外释放辐射。肉眼可见的辐射,称为可见光;另外还有很大一部分是肉眼无法察觉的辐射,称为不可见光。不可见光蕴含了巨大的能量,具有加热物体的作用,因此它对营造人体热舒适及建筑节能的作用不容忽视。通常,人们理解不可见光和可见光的方式是一致的。

首先,我们需要了解可见光的传播方式和作用方式:

■ **辐射以直线方式进行传播(图 6-1)。**

辐射以平行直线的形式进行传播,直到被物体折射或反射后才会改变传播方向。由于太阳释放的太阳辐射各射线相互平行,因此任何地方的投影也互相平行。

若想要阻挡太阳直射到某物体表面,必须先明确太阳当下的方位,其次,在太阳和物体之间放置遮挡物。这是利用了太阳光平行直射传播方式,因为它无法绕过物体!

■ **当辐射到达物体表面时,有些会被吸收,另外有些会被反射,还有些会发生透射(图 6-2)。**

图 6-1

太阳辐射以平行直线方式进行传播,因此其形成的阴影具有可预测性。

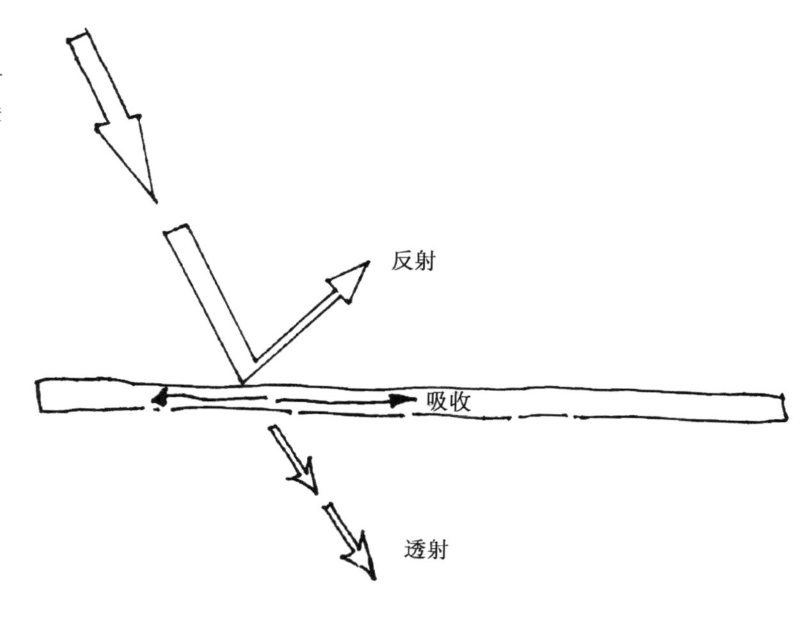

图 6-2

到达物体表面的辐射只会被反射、吸收或者透射，不会有其他的流向。

有时辐射在到达物体表面后大部分会被反射，这取决于物体表面的反射率。表 3-1 列出了诸多自然材料的反射率，由于自然材料具有可变性，因此它们中的大部分都有反射率区间。

被反射的辐射会继续传播至下一个物体并再次被反射、吸收和透射。被吸收的那部分辐射会转换为分子能量，其活跃的运动将使物体温度上升。所有到达不透明材料的辐射只会被反射或者吸收，即如果没有被反射到其他地方，那么就是被不透明材料吸收至其内部。

而到达透明或半透明材料表面的辐射除了被吸收和反射外还可能发生透射，这部分透射辐射将穿过透明或半透明材料继续传播到达其他物体，在自然界中树叶和水就是两种典型代表。

6.2 辐射分类

■ 辐射通常可分为两类:一类为太阳辐射(由太阳发出),另一类为大地辐射(由地球上所有实体发出)(图 6-3)。

虽然太阳辐射和大地辐射遵循相同的传播规律,即在景观场地中具有相同的运动方式并都具有能量。但为了有利于小气候研究及后续调控,需要进一步分类,因为它们的差异虽然较小,但却非常显著。而这些微小的差异恰恰成为小气候设计的重要对象。

如果诸位认为平常肉眼看到的太阳光就是太阳辐射的全部,那就大错特错了。实际上只有一半的太阳辐射是可见的,还有另外一半是不可见的,并且后一半蕴含的能量比可见光更多。当不可见光被物体表面吸收后也会像可见光一样,转换成物体的热能。

图 6-3

太阳辐射由太阳发出,大地辐射由地表所有实体发出。虽然大地辐射为环境提供了大量能量,但通常它在环境中相互平衡。因此,一般情况下,大地辐射对人体热舒适或建筑能耗影响的显著性不如太阳辐射。

■ 约有一半的太阳辐射是肉眼可见的，剩下一半为不可见，并且不可见光的特性与可见光相似。

由于可见光肉眼可见，因此我们很容易理解其辐射特性。尽管不可见光（或红外光）与可见光的表现方式大致相同，但两者之间的微小差异会显著影响小气候。例如，当可见光到达植物叶片后，绝大部分会被叶片吸收，还有约 10% 会被反射，剩下约 10% 会发生透射。然而当红外光到达植物叶片时，只有约 20% 会被吸收，约 40% 会被反射，约 30% 会发生透射。

如果从植物生理角度来看，这一区别就很容易理解，因为可见光能够促进植物叶片的生长，而红外光却会使植物叶片温度升高。因此植物在自然演变中进化出了将过剩辐射进行反射或透射的特性。

从景观场地小气候角度来看，树叶对不同辐射会进行吸收、反射和透射的特性相当重要。例如，虽然树荫下只存在少量可见光，但其中大部分可能是红外光（图 6-4）。这些红外辐

图 6-4

只有少量的可见光会透过树叶，但超过 40% 的红外线会到达树下空间。这说明树下的辐射比我们肉眼可见的要多。

射虽然不可见,但会影响景观场地中的人体能量收支平衡,因此树荫下的人们依然能够感受到它的存在。

另外一种辐射为大地辐射。尽管我们肉眼无法看到大地辐射,但可以利用仪器对它进行探测。物体释放的大地辐射总量与其表面温度有关,就像太阳表面温度极高,因此其释放的辐射能量也极大。与太阳辐射能量相比,地球表面物体释放的大地辐射能量可谓微乎其微。但是由于太阳距离我们十分遥远(约1.5亿km),在实际感受中两者差异并不太明显。

正如第三章所述,太阳释放的辐射能量到达地球上空的最大值约为1 000 W/m^2,如果考虑大气、反射和其他因素的消减作用,达到人体皮肤的太阳辐射约为600 W/m^2。释放的大地辐射能量为400 W/m^2。虽然两者的差异有点大,但实际上的体验远没有这般明显。大地辐射属于近红外辐射,具有许多与太阳辐射相同的特性,例如:直线传播,会被反射、吸收和透射,能量可转为热能。另外也有一些与太阳辐射不同的特点,它们可以在小气候设计中被我们所利用。主要的差异在于:

■ **地表物体释放的大地辐射总量取决于其表面温度(图6-5)。表面温度越高,物体所释放的大地辐射就越多。正如前文案例中被阳光暴晒的沥青地面所释放的大地辐射量就高于树荫下的路面。**

■ **当大地辐射到达大多数自然物体表面后,大部分会被吸收,只有少部分被反射或透射。**

景观场地中所有物体在自身释放大地辐射的同时也接收来自外界的大地辐射。

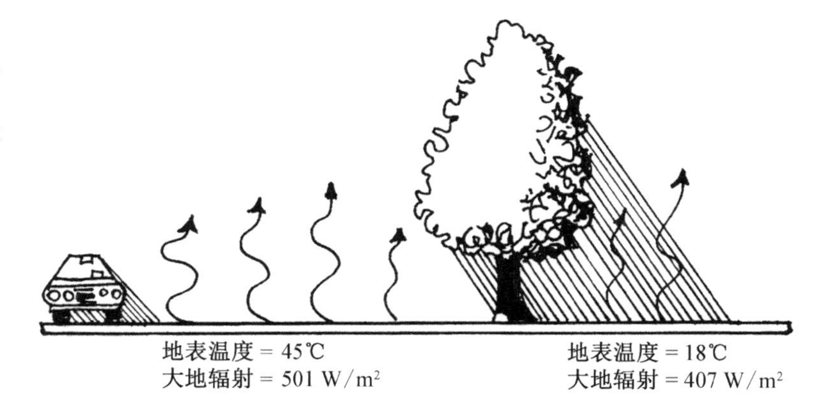

图 6-5

地表物体释放的大地辐射取决于其表面温度。表面温度越高,释放的大地辐射就越多。

■ **小气候设计的关键之一是平衡人体或建筑自身释放以及来自周边环境的大地辐射。**

例如本书不断释放的大地辐射同时会被诸位接收,诸位不断向外释放的大地辐射也会被此书接收并对其产生“加热”作用。诸位需要明确一个认知,即每一个客观存在的物体都在不断向外释放大地辐射。

在日常生活中我们通常没有特别注意空间中的大地辐射,是因为它几乎处于平衡状态。例如当人们与本书之间交换的大地辐射接近于平衡时,就难以明显感受到它的存在。

然而当这种平衡被打破时,人体对它的感觉就会很明显。例如当诸位在寒冷的天气围坐在暖炉或篝火旁时,身体面向热源的一侧会感觉很暖和,而另一侧则会感到凉凉的。这是因为身体两侧所接收到的大地辐射具有一定差异,即身体面向热源的一侧接收到的大地辐射比自身释放的要多,而背向热源的一侧则相反。

再比如,当室外气温很低并且窗户隔热性不好时,窗户表面温度会低于房间墙面温度。因此当诸位坐在窗边时会感觉到冷，这是因为诸位自身释放的大地辐射比窗户释放的多。人们常以为这是窗边的缝隙导致的，其实不然，即使窗户完全密封，情况也一样（图 6-6）。

如果人体释放的大地辐射比从外界接收的要多，那么大地辐射途径中的亏损将会导致人体能量逐渐降低。因此一个提高冬季户外区域热舒适的景观设计方法就是增设大地辐射释放源。

以寒冬腊月的公交车候车亭为例，当人们于半夜下班后在此等车，由于此时精疲力尽加之空气温度低，候车人经常一直在半睡半醒中打战。若此时公交车候车亭中有一个可以自动感应开启的电暖设施，就能够大幅度提高人们的热舒适，即使它并无法改变气温，但其释放的大地辐射却能让候车的人感到温暖。这个例子虽然较为极端，但它却表明了即使无法改变空气温度，

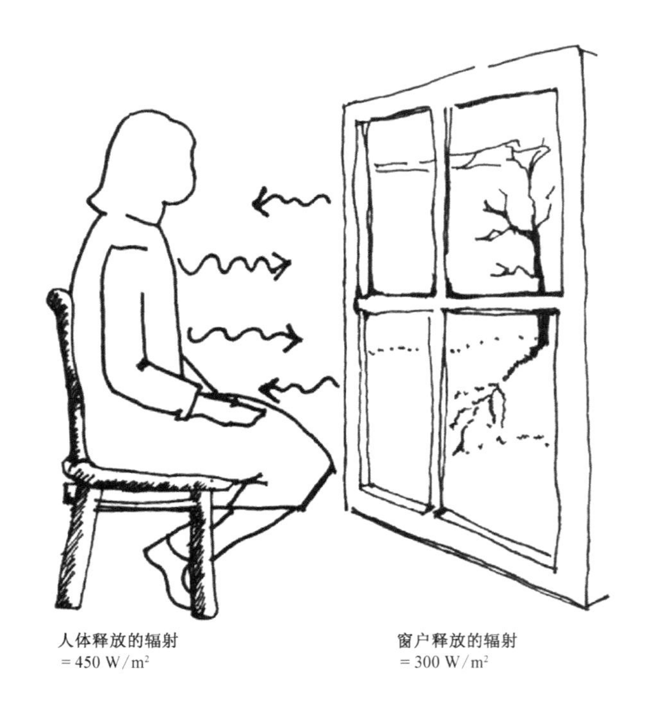

图 6-6

在大部分日常生活场景中人体大地辐射净值通常接近零，即人体接收到的大地辐射能量与自身释放的量相近。而当自身释放的大地辐射比接收的更多时就会感觉到冷，如当体温较高的人体面向温度较低的窗户时，窗户释放的大地辐射比人体自身释放的要少。

也能提升人体热舒适。因为在寒冷环境中,热源所释放的大地辐射会增加人体能量收支平衡中的能量流入。

反之,喷泉或瀑布这类水体景观也能通过大地辐射交换使人感到凉爽。

再次回顾第三章中关于人体能量收支平衡的内容,诸位会发现辐射能量虽然是人体能量收支平衡中唯一的流入途径,但是其来源有很多:

- **太阳辐射可能是直射辐射(太阳光直接照射),也可能是反射辐射(经由其他物体表面反射),还可能是漫反射辐射(经由大气反射)。直射辐射以直线进行传播,漫反射辐射来自物体四周各个方向,而反射辐射既可以通过直线进行传播也可以通过漫反射方式进行传播(图 6-7)。**
- **在景观场地中大地辐射不断地被吸收与反射且以直线形式进行传播,因此景观要素所接收的大地辐射来自四面八方。**

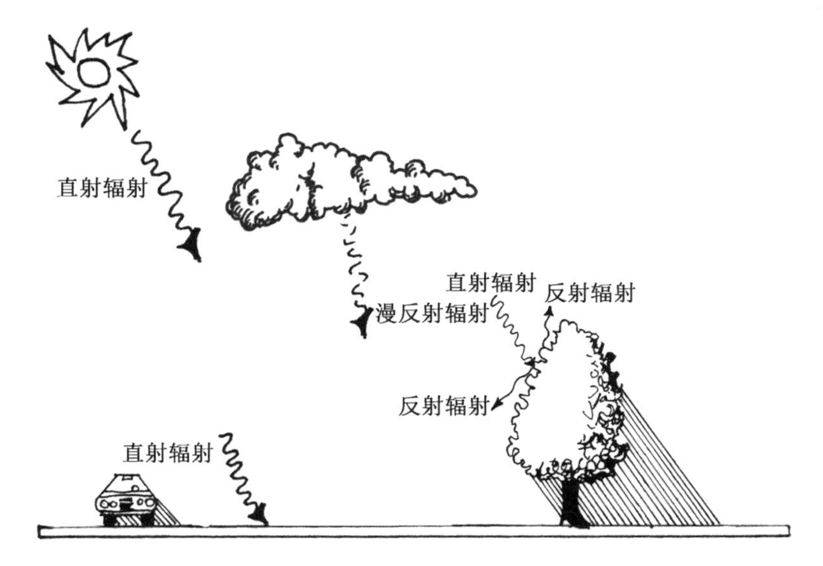

图 6-7

太阳辐射到达地球后会进一步分化为多种成分,每一部分都有各自特性。直射辐射将直接照到物体表面;漫反射辐射经由空气折射后再照射到物体表面,由于蓝光经常会发生漫反射,这就是人们抬头看到蓝天的缘由;反射辐射是经由物体反射的辐射,通常以直线形式传播,当其遇到粗糙的物体表面后会发生漫反射。

■ 通过计算太阳辐射和大地辐射，我们可以确定某一景观要素所吸收的辐射总量，并识别释放辐射的具体物体及其方位，是由太阳还是由景观场地中的其他物体释放。

6.3 辐射几何学

由于光总是以平行直线方式进行传播，因此我们能够基于太阳高度角结合简单的几何知识来计算景观物体在全年不同时段的阴影情况。此外，正如上文所述景观物体释放的大地辐射取决于其表面温度，故我们可以计算物体的净辐射能量。

计算太阳位置

我们可以通过查表或计算公式得出太阳在任何区域任何时间的高度及位置。我们将详细介绍这两种方法，虽然计算公式计算的结果更为准确，但大多数情况下查表得到的结果就能满足要求。

利用公式计算

地球上任意时间、任意位置的太阳高度和方位角都可以利用公式计算。太阳高度角代表太阳与地平线间的夹角，方位角则代表太阳相对于某参考点的水平方向。假设正南方为 0 度，正东方为-90 度，正西方为+90 度（图 6-8）。

运用三角函数公式计算太阳高度角（E）：

$$\sin E=\sin L\cdot\sin D+\cos L\cdot\cos D\cdot\cos 15(LST-\text{正午太阳时刻})$$

其中，L 为景观场地所处的纬度，D 为偏转角（图 6-9），LST 为所求场地所在区域的时辰（24 小时制）。假设要计算 7 月 1 日早上 9:30，纬度为 42°的地区的太阳高度角，则代入 $L=42°$，$D=22$（图 6-9），$LST=9.5$（九个半小时），因此 $\sin E=0.797$，E 为 52.8°，约为 53°。

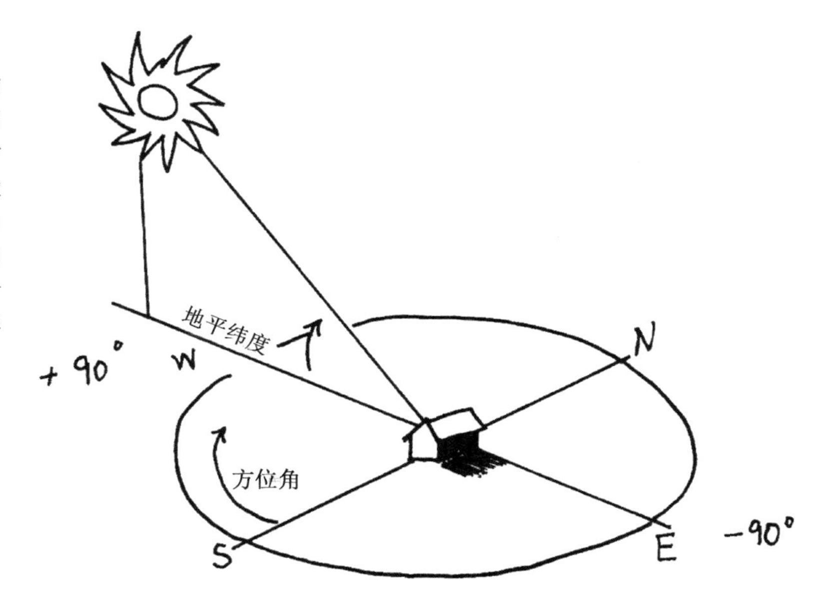

图 6-8

太阳与地平线之间的夹角为太阳高度角，太阳到正南方的角度为太阳方位角。太阳高度角和方位角都会随着地球公转和自转而改变。只有已知太阳高度角和方位角，我们才能分析景观场地的阴影情况。

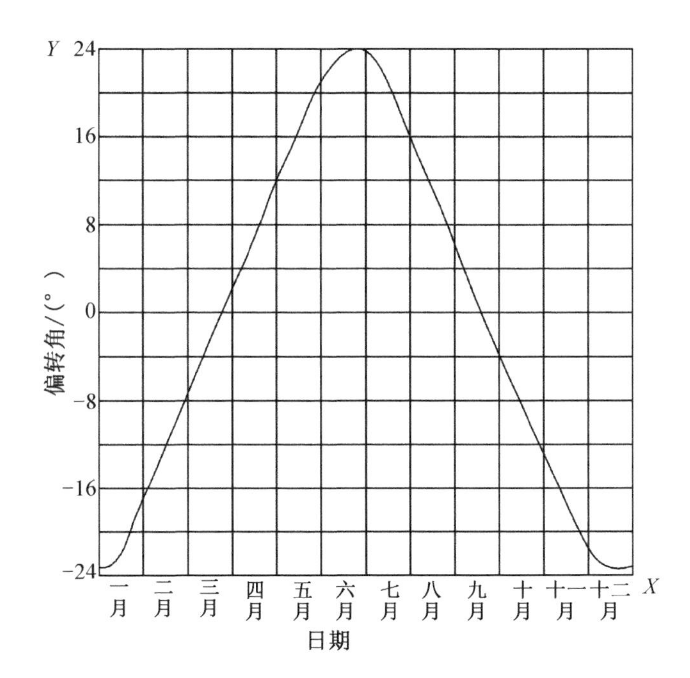

图 6-9

太阳偏转角如图所示。在 X 轴找到对应日期后，其向上与曲线交点所对应的 Y 轴即为所求的太阳偏转角。

太阳方位角 A 为：

$\sin(A)=(\cos D)[\sin 15(LST-\text{正午太阳时刻})]/\cos E$

可得太阳方位角为-69.7°，约为-70°。

估算太阳位置的天穹图

如果只需估算给定地点和时间的太阳位置，那么通常运用天穹图就可得到较为准确的结果(图 6-10)。

天穹图的使用方法如下：

第一步：获取所测地点的纬度并确定所求的具体日期及时刻。例如：纬度为 42°，日期为 6 月 1 日，时间为 9:30。

第二步：找到最接近所求地点纬度的图，在本案例中应选择纬度为 40°的图表(图 6-11)。其次，选择最接近所求日期的日期线，本例选择 5 月 22 日的日期线。再者，沿线找到 9 点到 10 点的中间点，该点为所求地点所求时刻在图上的对应点。

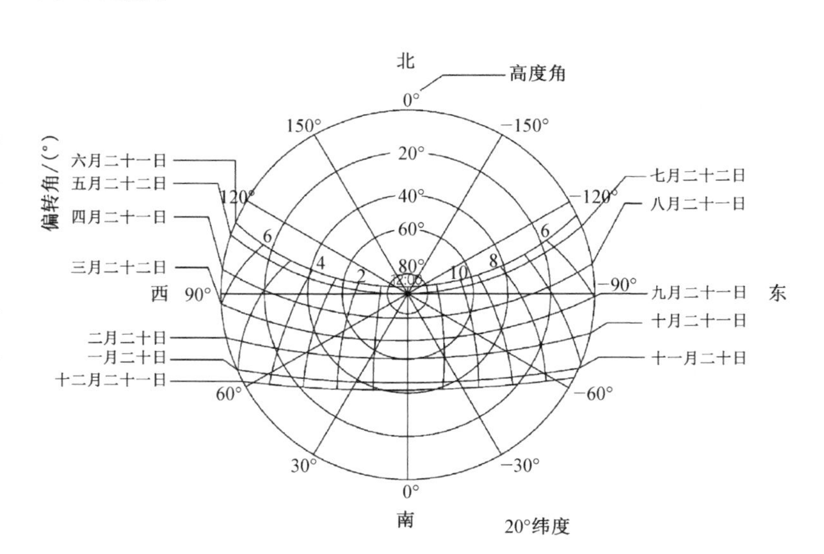

图 6-10

通过此天穹图可以确定太阳的位置。首先选择与所求地点纬度相近的天穹图，再找到对应的月、日、时，最后得到太阳偏转角和太阳高度角。虽然利用天穹图得到的结果比公式计算的准确性稍差，但也足以支撑大部分的设计。

第三步:在同心圆上读取太阳高度角。本例中对应点在50°~60°之间,因此可预估太阳高度角为55°。对应点沿中心放射线与最外圈交点即表示太阳偏转角。因此本案例的太阳偏转角约为-70°,即南偏东70°,太阳高度角为55°。

第四步:利用太阳高度角55°和太阳偏转角-70°绘制阴影图。

对比两种结果,可以发现通过公式和天穹图所得的太阳高度角与偏转角的差别不大,运用两种结果绘制的阴影图也非常相似。在实际运用中,天穹图通常用于绘制单一时刻的阴影图。如果要绘制某一地点多个时刻或者某个时刻不同地点的阴影图,则通过编写电脑程序或使用阴影绘图工具会更快捷。当然,也可以使用第三方计算软件(如SketchUp)生成阴影图。

绘制阴影图

阴影图可以用来估计景观场地在一天或一年中任意时间的阴影状况。在绘制之前,首先要明确阴影图的用途。例如我们想确定菜园在花园中的位置,就需要春秋季的早晨与下午以及夏季正午的阴影图。通过分析阴影图可以确定花园中阳光的最佳位置。

此外,利用阴影图还可以确定咖啡店室外区域以及广场休息区的具体位置。在每个案例中太阳辐射对场地使用的影响时段是关键因素。如在冬季,广场的座位区应尽量设置在全天有阳光的地方,而在仲夏则尽可能处于阴影区域。

我们可以选择7月某天代表夏天,2月某天代表冬天来绘制两个阴影图,然后同时考虑夏季与冬季的使用效果来得出场地中座位区的最佳位置。绘制前首先需要有场地平面图。若场地较为平坦,只需要标注树木和建筑的高度;如果场地内有明显高差,则还须标注等高线。

通过太阳偏转角可以确定阴影方向,且同一时刻所有阴影的方向都相同。在前一例中太阳偏转角为-70°,由图6-11可得此时阴影方向为+110°，即西向北 20°。因此从每一个建筑底部和树根部画出方位为+110°的线，即可代表阴影方向。

图 6-11

绘制阴影图时，首先通过太阳偏转角确定阴影方向，再利用太阳高度角确定阴影长度。在本例中太阳偏转角为-70°，表示太阳的位置为南偏东70°。阴影的方向为其相反方向，即南偏西 110°。阴影长度可在已知太阳高度角和物体高度的情况下代入 115 页的公式获得。

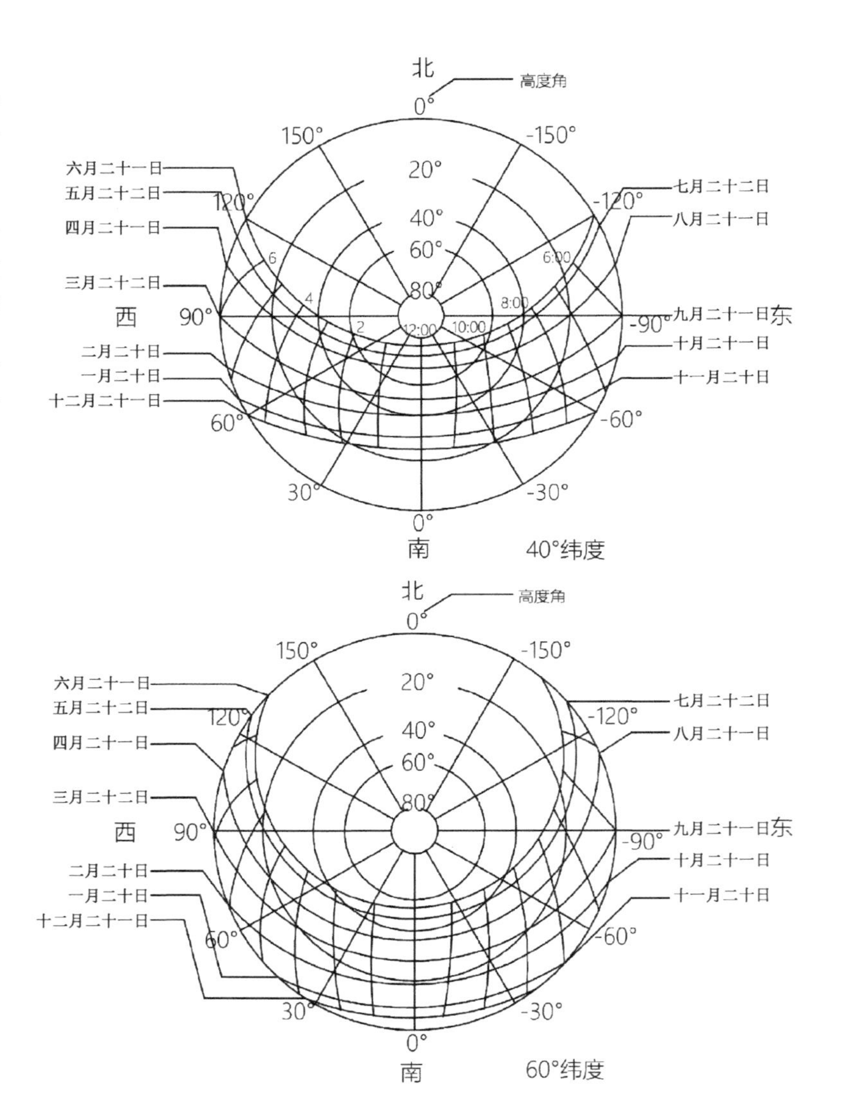

其次利用物体的高度(B)和太阳高度角确定阴影长度(S)。在前一例中太阳高度角为55°,假设建筑高10 m,通过以下公式可以得到:

$S=B/$太阳高度的正切值,即 $S=10/\tan 55°=7.0$ m,表示阴影长度为7 m。

因此在建筑的其他底部边角都以110°延长出7 m的阴影线(假设建筑屋顶为平顶),然后将线连接起来得到该建筑的阴影(图6-12)。

阴影也可以通过立面或效果图来展示。平面阴影图可能会让我们误认为在阴影范围内都一样凉快。但其实不然,如果人体站在阴影的边缘,那么其脚踝会处于阴影中,但脚踝以上部位则会暴露在阳光下,而形成上热下冷的人体热舒适状况,因此在分析阴影图时我们还需要牢记真实场景。

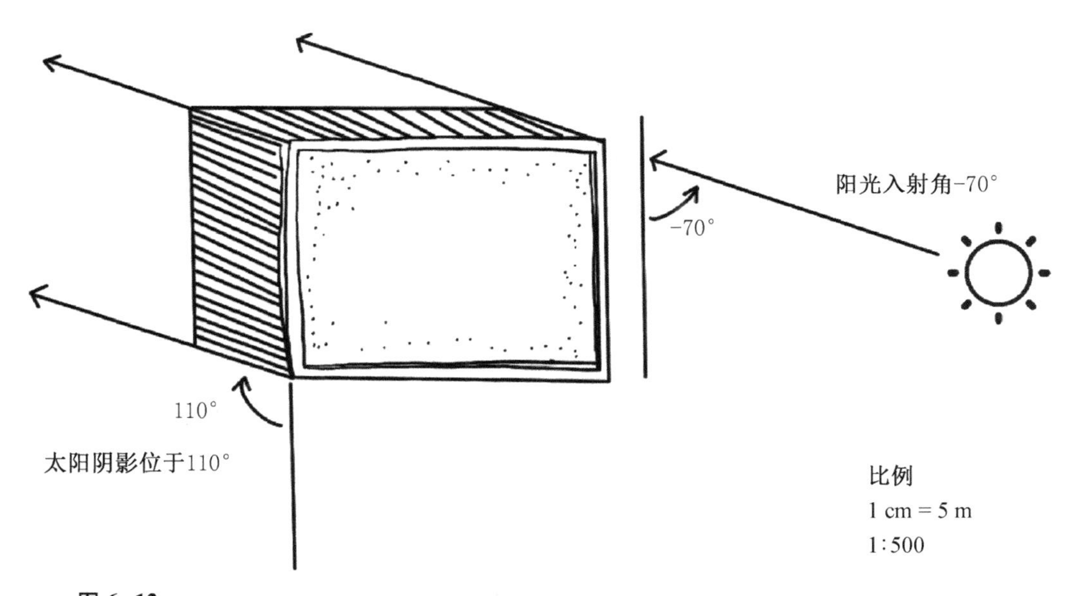

图6-12
当画出阴影图时我们需要牢记真实场景,由图可见当人体位于阴影边缘时可能只有下身处于阴影中。

选择阴影分析的日期和时间

日期和时间是绘制阴影图的重要因素。如果需要表现极端情况,如全年中阴影面积最大和最小情况,则需选择冬至日(12月21日)和夏至日(6月21日),其他重要的时间点还包括昼夜平分日(3月21日和9月23日),在这两天地球上任何地方昼夜时间相同。在实际项目中还需要根据人群使用情况绘制对应的阴影图。

若要表达一年中大多数时间的阴影情况可以选择每个季节的中间日期。例如,2月6日约是冬季的中间点,因此可用这天代表仲冬的阴影情况;5月6日约为春季的中间点;8月6日可作为夏季的中间点,此时太阳高度角与仲春一致,而仲秋和仲冬的太阳高度角也大致相同。故只需要获得两组不同日期的阴影图,就可以大致了解一年四季的阴影情况。

6.4 计算大地辐射

绝大多数自然材料释放的大地辐射可以采用上文阐述过的斯特藩-玻尔兹曼公式来计算:

$$大地辐射 = 5.67\times10^{-8}\times(物体温度+273)^4$$

简而言之,物体释放的大地辐射能量等于物体的摄氏温度加273(即转换为开尔文温度)的4次方后再乘以0.000 000 056 7,即5.67×10^{-8}。

假设本书的表面温度为20 ℃,首先第一步计算结果为$(20+273)^4$,即73 700 508 01,再乘以5.67×10^{-8},最后结果为417.9 W/m^2。这说明本书每时每刻都向诸位释放了约420 W/m^{2}的辐射能量。

接下来计算一下诸位自身和本书之间的大地辐射能量交换。假设诸位的体表温度为25 ℃,根据斯特藩-玻尔兹曼公式,诸位向本书释放了的大地辐射能量为447.1 W/m^2。所以诸位与本书的大地辐射能量释放差值为29.2 W/m^2。由于该差值很小，因此人体感觉不明显。

如果我们计算之前在寒冷天气时坐在窗户旁的例子，就会发现人窗之间的大地辐射能量差值与人书之间相差较大。假设窗户温度为 5 ℃，则它释放的大地辐射能量约为 338.7 W/m^2。因此人体与窗户间的大地辐射能量差值为 108.4 W/m^2。通过对比人体静止站立与快步走的新陈代谢能量分别为 90 W/m^2 和 250 W/m^2，诸位很容易就能了解 108.4 W/m^2 对人体的影响了。

6.5　辐射数据

人们记录其所在地区的气候状况已有很长的历史。如果诸位的研究场地紧邻气象站，那么就可以直接采用气象站的数据。如果研究场地距离气象站较远，那么除了太阳辐射可以直接使用，其他小气候要素则需要自行测量。

因为处于同一天气状况（多云天气除外），较大区域内太阳辐射变化不大。如在高压天气中（晴天），即使在锋面系统（冷锋与暖锋）天气下，较大区域内物体接收的太阳辐射能量强度也趋于一致。

气候数据记录频率通常为每小时，而统计数据还包括了每天、每月、每年，甚至每三十年的状况。

太阳辐射数据

每小时的气候数据中包含了多个二级数据。可能某一水平面上的太阳辐射能量是诸位最为感兴趣的数据，该数据通常在标有“日辐射强度计”（用于测量辐射强度的仪器）的一栏。除了利用辐射强度计外，太阳辐射还有许多其他测量方法，但它们对于景观场地小气候设计的帮助并不大。

场地问题及小气候设计目标决定了所需的辐射数据类型，例如统计频率是每小时或者每个月份，这个问题在第九章中将详细说明。

正如前文所述,景观场地内的辐射情况和风环境特点对小气候设计最有价值。在具体设计之前,通过分析气象站数据就可以大致了解该地区的天气特点。

大地辐射数据

当诸位查看气候数据中的大地辐射时可能会感到有点困惑。因为该栏数据只记录了由天空向下释放的大地辐射能量,而不包含从地面向上释放的能量。由于小气候设计中需要计算某一物体的四周向其释放的大地辐射总量,因此不能直接使用该数据。

但在有些特殊的案例中来自天空的大地辐射对小气候设计同样具有重要作用。例如诸位需要通过小气候设计来消除霜袋(即在凉爽夜晚中山坡下最先结冰的地方)现象,那么消除霜袋所需的能量就等于原本天空释放的大地辐射。

6.6 太阳辐射调控

概述

理论上调控太阳辐射的景观设计方法有很多种。几乎所有的景观要素都或多或少地影响场地内的太阳辐射,因为所有物体表面都会反射、吸收或透射太阳辐射。正如第三章所述,太阳辐射接触物体表面后,有一部分被吸收后会转换为热能,增加了物体温度,还有一部分会使物体表面水分蒸发,另外一部分会产生对流作用,最后剩下的一部分会再次辐射。在景观场地中有些景观要素对太阳辐射具有显著影响,如植物和构筑物等,特别是它们的位置和朝向。

■ **植物和构筑物是对太阳辐射能量影响最大的景观要素。特别是它们在场地中的朝向和位置。**

■ **物体本身的特性(如大小、反射率、透过性等)以及位置和**

朝向决定景观要素对太阳辐射的影响程度。

因此,调控太阳辐射对物体的影响的方法主要有以下几种:

(1)在太阳辐射与物体的路径中间放置遮挡物;

(2)改变物体颜色或者材料特性以调控其反射的太阳辐射能量;

(3)改变物体材料特性以调控其吸收的太阳辐射能量。

正如第三章所述,虽然还有其他方法如调控物体表面的水分蒸发量以调节其能量在不同消耗途径中的分配或通过改变物体的比热容来储存更多的能量等,而本章将聚焦于辐射调控方法。

硬质景观要素

我们可以利用硬质景观要素的一些特性来调控景观场地中的辐射能量。

■ **在太阳辐射传播路径中间放置物体将其阻隔。**

我们只要知道场地以及太阳的位置(高度角与方位角)就能在其传播路径中间放置遮挡物体。

■ **在建筑和硬质构筑物产生的大量阴影内,太阳辐射强度较低且主要来自漫射和反射。晴天中阴影处的太阳辐射约为开敞处的10%。**

景观要素都具有一定反射率,即其反射太阳辐射的能力。自然要素的反射率通常具有一定区间。例如落叶林的反射率区间为5%~15%,即太阳光照射到落叶林的总能量中有5%~15%会被反射回天空中,而景观要素的反射率还会在不同条件下发生变化。例如旧雪的反射率为40%,而新雪则高达95%。表3-

1 列出了诸多景观要素的反射率。物体的反射率越高,太阳辐射在其能量收支平衡中的占比就越小。

我们可以通过景观要素的特性来预判其对场地小气候的影响。例如,黑色的沥青与白色的混凝土分别作为广场铺装材料时,我们可以发现由于两者不同的反射率,黑色沥青会比白色混凝土吸收更多的太阳辐射能量。假设在一个没有降雨的温暖晴天,沥青表面温度将会比混凝土高。在早晨,人们站在广场上接收的由黑色沥青地面反射的太阳辐射能量会比混凝土地面的少很多,由于此时两者的表面温度相差还不显著,因此它们释放的大地辐射也近乎相同。所以人站在白色混凝土广场上接收的辐射能量更多。

随着时间的推移,黑色沥青地面在吸收了大量的太阳辐射后开始变热,此时人在黑色沥青地面上接收的总辐射能量(太阳辐射与大地辐射的总和)与在混凝土地面上相似。虽然人体在白色混凝土地面接收的太阳辐射能量比黑色沥青地面多,但是大地辐射却比后者少。

最后当太阳完全升起后,人体在黑色沥青地面上接收的辐射能量将持续上升,最终高于白色混凝土地面。

研究发现,黑色沥青地面只能在一天中的某些时候可以提供更舒适的小气候,但白色混凝土地面却能在大部分时间内提供舒适的小气候。因此,明确景观场地的主要使用时段和季节以及人群活动类型非常重要。当明确这些关键内容之后,小气候设计就能抓住主要矛盾,事半功倍。

软质景观要素

软质景观要素(主要指植物)具有与硬质景观要素不同的特性,使其能有效调控辐射。研究植物如何调控场地辐射最有效的手段就是将其与无植物场景做对比。

除了个别例子外,中纬度地区的树种大体可以分为两类。

一类是冬季会凋零的落叶树，另一类是冬季不凋零的常绿树。不管是落叶树还是常绿树在有叶期时，树下的太阳辐射约为总量的四分之一。要注意即使在无叶期，落叶树的树干和树枝仍然会阻挡大部分红外辐射。

因此落叶树也会产生阴影，而阻挡太阳光的效果取决于树枝的密度（与树种有关）。

请注意：

- **相比无叶期，落叶树在有树叶时能阻挡更多辐射；**
- **一部分太阳辐射会透过树木冠层到达地面；**
- **不同的树种在一年四季中遮挡太阳辐射的效果不同。**

有些落叶树种在夏季能产生浓密的树荫使其具有较好的太阳辐射遮挡效果，而在冬季落叶后则较差（表 6-1）。

鉴于生长环境和气候条件的不同，树种的透射率和高度具有一定的区间（表 6-1）。透射率表示太阳辐射通过树木到达地面的比例。透射率因测量工具和方法的不同而发生变化，因此使用表中数据时建议选取中间值。树种的发芽日期、落叶日期和树木的高度取决于所处地区的不同。

任何具有立面的景观要素都能显著影响太阳辐射。鉴于在夏季能有效降低太阳辐射且在冬季落叶后能让更多的太阳辐射到达地面，落叶树是小气候设计中重要的景观要素。

请注意树木在有叶与无叶期对太阳辐射的阻挡作用并不是 0 与 100% 间的差别。在夏季，落叶树和常绿树的树冠下仍会有大量太阳辐射，包括肉眼不可见的近红外光，而在冬季，树枝和树干仍会阻挡一部分太阳辐射。在夏季树冠下的太阳辐射约有四分之一，而在冬季则约为四分之三。可见树木在夏冬两季对太阳辐射的作用相差虽然较大，但还是不及我们的主观感觉。

表 6-1 景观常用树种的特性

类型	拉丁名	常用名	透射率/%		发叶时间	落叶时间	树木高度/m
			夏季	冬季			
落叶树	*Acer platanoides*	北美枫树	5~14	60~75	E	M	15~25
	Acer rubrum	红枫	8~22	63~82	M	E	20~35
	Acer saccharinum	银枫	10~28	60~87	M	M	20~35
	Acer saccharum	糖槭	16~27	60~80	M	E	20~35
	Aesculus hippocastanum	七叶树	8~27	73	M	L	22~30
	Amelanchier Canadensis	唐棣	20~25	57	L	M	
	Betula pendula	欧洲桦树	14~24	48~88	M	M~L	15~30
	Carya ovata	山核桃木	15~28	66			24~30
	Catalpa speciosa	梓树	24~30	52~83	L		18~30
	Fagus sylvatica	山毛榉	7~15	83	L	L	18~30
	Fraxinus pennsylvanica	梣树	10~29	70~71	M~L	M	18~25
	Gleditsia triacanthos inermis	皂荚	25~50	50~85	M	E	20~30
	Juglans nigra	核桃	9	55~72	L	E~M	23~45
	Liriodendron tulipifera	北美鹅掌楸	10	69~78	M~L	M	27~45
	Picea pungens	北美蓝杉	13~28	13~28			27~41
	Pinus strobus	北美乔杉	25~30	25~30			24~45
	Platanus acerifolia	英国梧桐	11~17	46~64	L	M~L	30~35
	Populus deltoids	美洲黑杨	10~20	68	E	M	23~30
	Populus tremuloides	棉白杨	20~33		E	M	12~15
	Quercus alba	白橡树	13~38				24~30
	Quercus rubra	北美红栎	12~23	70~81		M	23~30
	Tilia cordata	心叶椴	7~23	46~70	L	E	18~21
	Ulmus americana	美国榆	13	63~89	M	M	18~24
	Bombax malabaricum	木棉	35.5	80~85	L	L	10~25
	Peltophorum pterocarpum	盾柱木	10.6	65~75	M	M~L	4~15
常绿树	*Acacia confusa*	台湾相思树	16.5	16.5			8~15
	Aleurites moluccana	石栗	18.6	18.6			7~12
	Bauhinia blakeana	洋紫荆	10.6	10.6			6~10
	Casuarina equisetifolia	木麻黄	30.3	30.3			10~15
	Delonix regia	凤凰木	23.5	23.5			3~6
	Ficus microcarpa	细叶榕	9.7	9.7			6~10
	Livistona chinensis	蒲葵	23	23			10~15
	Macaranga tanarius	血桐	16.2	16.2			4~6
	Melaleuca leucadendron	白千层	23.2	23.2			10~15
	Roystonea regia	大王椰子	51.6	51.6			10~15
	Mesua ferrea	铁力木	5	5			20~30
	Phoenix dactylifera	伊拉克蜜枣	15	15			10~30

发叶日期:E=早期=早于4月30日,M=中期=5月1日至15日,L=晚期=晚于5月15日

落叶日期:E=早期=早于11月1日,M=中期=11月1日至30日,L=晚期=晚于11月30日

■ 虽然我们无法改变景观要素固有的特性，但可以在小气候设计中巧妙地运用它们。例如，虽然无法改变各种树种固有的透射率（除非进行修剪），却可以根据景观场地对太阳辐射的不同需求利用树种不同的透射率做到适地适树因地制宜。

■ 以下因素会影响树木对太阳辐射的作用：

1. 太阳辐射到达树叶后，约 50% 会被吸收，约 30% 会被反射到天空中，还有约 20% 会发生透射；

2. 树木春季发芽期和秋季落叶期；

3. 树木的最大生长高度；

4. 树冠不同季节的透射率（由树叶、树枝、树干、日期和大小共同决定）

表 6-1 列出了涵盖以上特性的诸多树种，设计师可以根据小气候设计目标选择最合适的树种（包括乔木、灌木、攀援植物和地被等）。

■ 植物的发芽期和落叶期是决定树木影响太阳辐射的重要因素。

6.7 大地辐射调控

概述

在某些场景中大地辐射可以显著影响小气候及人体热舒适。以上文论述的黑色沥青地面和白色混凝土地面的对比为例，黑色沥青地面经过一天的阳光照射后，比白色混凝土地面吸收了更多的太阳辐射而变得非常热，而白色混凝土地面的表面温度则较低。因此，到了夜晚黑色沥青地面会释放更多的大地辐射。相较白色混凝土地面，假如有人在寒冷的夜晚站在黑色沥青地面上将会感到更加暖和。

■ **景观要素可以通过吸收、储存太阳辐射并释放大地辐射来影响小气候。**

景观场地中的自然要素都根据其表面温度以恒定频率释放大地辐射,具体的释放量则基于斯蒂芬-玻尔兹曼公式计算。这意味着虽然材料不同,但如果具有相同的温度,则它们将释放同样强度的大地辐射。

但也有一些例外不适用于上述规律,如铝与金。鉴于这两种材料释放的大地辐射很少,我们可以将它们应用于一些特殊场景中。例如,将一层非常薄的金箔覆盖在窗户外侧就能有效降低建筑物释放的大地辐射能量进而降低建筑物冬季采暖所需的能量。人造航天器的外表都会披有铝膜或金膜来降低其释放的大地辐射,预防其在深空旅行中自身温度过低。

■ **虽然肉眼无法看到大地辐射,但它却是小气候的重要组成部分。在春秋季的晴朗夜晚尤为明显。相较天空,此时地面会释放出更大量的大地辐射,两者的差异可能会导致地表温度下降,甚至出现霜冻现象。若有树冠介于地面和天空之间,则其向地面释放的大地辐射量将远大于天空,因此霜冻状况会得到较大缓解,甚至消失。**

6.8 辐射调控案例

“学而时习之,不亦乐乎”,新知识只有在不断练习与运用中才会让我们更了解它们的作用机理。下面是一些不同季节的场景,它们将阐释大地辐射如何被有效地调控。

夏季阳台

假设甲方委托诸位在某一中纬度地区城市设计一个主要用于夏季午餐时段使用的咖啡店露台。根据前文阐述的小气候设计方法，我们首先应调控辐射能量，其次是风环境。

控制咖啡店露台辐射能量的方法在理论上有无数种，我们可以将其分为三个阶段。首先，在太阳辐射到达露台之前，可使用种植冠幅与透射率适中的乔木（如皂荚树）以阻挡部分阳光，或者运用不透明的景观构筑物（如屋顶）来阻挡100%太阳光。

其次，在太阳辐射到达露台后可以通过不同材料对其进行反射和吸收。因为小气候设计目标是保障午间的人体热舒适度，所以可以选择使用深色铺装以吸收和保存太阳辐射，从而大幅度降低反射到人体上的辐射量。此外，也应避免露台周边环境将太阳辐射反射至露台内部。

最后，降低露台使用者周边物体的表面温度以降低其向使用者释放的大地辐射。如提高景观墙体和地面的相对湿度，利用对流与蒸发作用降低表面温度进而降低其释放的大地辐射。

除此之外，提高午间露台热舒适的方法还有许多。利用上文学习的小气候设计原则以及能量收支平衡原理，诸位可以创立一些兼具实用与创意的方法，然后申请专利！

校园广场

校园广场是另外一个能体现调控辐射能量的典型户外空间。我们应当如何提高校园广场秋冬季的热舒适？暂且不考虑风速，应该如何最大限度地利用广场的辐射？

首先，使广场朝南且其他景观要素尽量不阻挡阳光进入。诸位可以通过分析太阳角度和阴影图以避免树木或建筑在广场上形成阴影，亦可在广场上种植早秋落叶、晚春发芽的落叶乔木。

其次，设计朝南的斜坡以提高使用者接收到的太阳辐射强度，并通过反射太阳辐射增加人体辐射能量的流入。此外，在广场内部及周边宜使用浅色铺装。

再次，确保广场地面干燥以降低蒸发途径中流失的能量。

最后,采用深色的景观墙或硬质立面使其在白天吸收太阳辐射并在晚上释放大地辐射从而提高夜间小气候热舒适。

6.9 量化人体吸收的辐射能量

第四章研究了城市综合型公园中座位(就餐区)的人体热舒适,当时我们基于附录 A 中的模型计算了净辐射能量,这里将详细介绍景观要素影响净辐射能量与人体热舒适的机理。

首先,我们来研究在晴朗夏日中不同浓度的树荫对小气候的改善作用。假设一个小气候场景,即气温为 25 ℃,相对湿度为 75%,场地 10 m 度的风速为 5 m/s,太阳辐射能量为 1 000 W/m^2,太阳高度角为 35°,人体穿着附录 A 中的 C 着装并保持站立(新陈代谢能量为 90 W/m^2)。运用附录 A 的 COMFA 计算程序,得到计算结果 COMFA 值为 137 W/m^2,可知此时测试人员将会感到暖和且不舒适。

首先,种植透射率较高的乔木增加轻微树荫以降低 50% 的太阳辐射。此时太阳辐射能量将降低至 500 W/m^2,COMFA 值将降至 49 W/m^2,该值介于暖且不舒适与舒适之间。

如果更换透射率更低的乔木,进一步提高树荫密度将树下太阳辐射降至原来的 20%,那么 COMFA 值将进一步降低至 4 W/m^2,该值表示人体将感到非常舒适。

接下来分析如何通过降低大地辐射能量来使人感到凉爽。为了体现降低大地辐射的效果,现在先把原有场地变热一些。因此将风速降低至 2 m/s,此时 COMFA 值将提高至 235 W/m^2。

首先,使人体处于建筑的阴影中,这将使 COMFA 值大幅度降低至 23 W/m^2——多么明智的设计方法!然后我们进一步在人体周边新增一个湿润墙体,此时人体即可通过释放大地辐射来降低自身能量,这将使 COMFA 值降低至 3 W/m^2。最后提高铺装材料的相对湿度,COMFA 值将进一步降至 -19 W/m^2。即使是夏天,人体在此处也将感觉到非常舒适。

接下来,让我们研究一下在夜间调控辐射能量的作用。首先,假设一位体征与上例一致的受试者站在空旷场地中。由于太阳已落山,此时太阳辐射为 0 且气温下降至 20 ℃,通过计算可得此时 COMFA 值为-70 W/m^2,该值表示受试者将会感到凉且不舒适。

我们同样可以运用 COMFA 模型测试不同景观设计方法对人体热舒适的影响。首先使受试者处于种植的乔木树荫中,由于树冠将比天空释放更多大地辐射,因此人体 COMFA 值将提升至-45 W/m^2。相比上例,热舒适已经有 25 W/m^2 的改善。

如果我们不种植乔木而是将地面铺装材料改为黑色沥青。黑色沥青铺装在白天会吸收太阳辐射,并在夜间释放大地辐射。假设夜间沥青铺装的表面温度为 30 ℃(这是一个相对保守的数值,其实远不止),此时 COMFA 值将为-47 W/m^2,可见两种小气候设计方法的效果相当。

若综合以上两种设计方法,COMFA 值将提升至-22 W/m^2,此时该场地将具有非常舒适的小气候。

让我们继续新增其他具备释放大地辐射能量的景观要素。如果在受试者旁边新增一道景观墙,那么沥青路面(35 ℃)与白天吸收了太阳辐射的景观墙(45 ℃)的综合效应将使 COMFA 值提升至-12 W/m^2,而当场地中同时具有沥青路面、景观墙和乔木时,COMFA 值将提升至+17 W/m^2,这显然比最开始只有乔木的场地(-70 W/m^2)温暖舒服多了!

6.10 总结

理论上场地中所有的景观要素都会对辐射产生作用，进而影响人体热舒适和建筑能耗。

■ **对于解决每一个小气候问题都有多种景观设计方法。**

诸位在理解了场地内的辐射原理后都能提出将场地辐射作用最大化的独创方法。

6.11 思考

1. 回到第一章思考部分的第一个问题。相比刚开始，诸位此时已经掌握更多的相关理论。诸位对于将户外用餐露台变得更加舒适有哪些具体的景观设计方法？哪种方法可立刻见效？哪种方法能产生持久效果？

2. A 夫妇根据诸位在第一章思考题 5 中的建议新建了露台，他们反馈虽然其他季节还可以接受，但夏天时坐在露台上太热了。对此诸位会有什么改造建议？

3. 学校常委会已经采纳了诸位对于休息区的设计建议（第五章思考题 2），现在还希望降低建筑能耗。对此诸位有什么改造方案能通过调控辐射来实现目标？能提出一个同样适用于降低其他学校建筑能耗的设计导则吗？这与在第五章中提出的有什么不同？

4. 开发商根据诸位的建议在新地块开工了（第五章思考题 3），现在他们希望能够调控每栋房屋的辐射，对此诸位有什么建议？

5. 住建局决定在即将颁布的新法规中采纳诸位的建议（第五章思考题 4），请详细阐释适用于建筑辐射能量调控的规范及其产生的作用。

第七章 风环境调控

■ **风作为一种可通过景观设计调控的小气候要素，能显著影响景观场地中的人体热舒适和建筑能耗。**

7.1 引言

在景观场地小气候设计中我们需要特别关注风环境，即风速和风向。首先，正如上文所述，风作为关键的小气候要素，它能将场地内不同地方的空气温度和相对湿度迅速混合，消除景观场地内温度场和湿度场的梯度。其次，当体表温度高于空气温度时，风产生的对流作用能降低人体能量与建筑能耗。最后也是最重要的，风能通过景观设计进行调控。

虽然风很重要，但它同时又难以捉摸。在日常生活中我们很难直接观测风的本体，因此无法直觉地对其进行调控。而可视化是研究风环境的有效途径，通过将风可视化可以研究它的运动与影响，进而对其进行调控。我们从最简单的原理开始讨论调控风速、风向和气流的方法。

7.2 风的特性

■ **在景观场地中不同地方存在的气压差异产生了空气分子的流动，从而形成了风，并通常从高压区域流向低压区域。**

这正如诸位小时候吹气球一样,当我们用力鼓起嘴巴将空气分子从气压较高的嘴里吹进气压较低的气球内部,就是空气的逆向流动,因此当我们松开气球时,空气分子就会从气球中的高压区域向周围低压区域逃逸。

尽管空气通常单一方向地由高压区域流向低压区域,但由于不同尺度间气温差异的叠加形成了复杂的气压梯度从而使多股风同时在运动。因此在日常生活中诸位可以看到在景观场地中风的来向很多。

当意识到风有很多来向,且无法改变其形成原理,我们就必须抓住事物的主要矛盾来化解难题,即集中精力调控景观场地中的盛行风!

谁看见过风?

风由大部分无色气体组成,因此肉眼无法看见它。但当空气中有“可见颗粒物”时,我们就可以观察到风的运动。历史上有许多诗句就是描写这种情况,如在春天里是“不知细叶谁裁出,二月春风似剪刀”,在夏天里是“竹摇清影罩幽窗,两两时禽噪夕阳”,在秋天里是“秋风入窗里,罗帐起飘扬”,在冬天里是“撒盐空中差可拟,未若柳絮因风起”。诸位在日常生活中要多留意风的运动轨迹。

■ 观察雪或尘土的飘散轨迹

有些研究将风的运动类比于水的流动。其实在景观场地中,景观要素实体就像水中石头,当风经过它们时就形成湍流(Turbulence)。气流与水流的主要区别在于后者质量更大,加之受重力影响水体只能在地表流动,因此水流的运动路径主要是二维,即往复流动较多,极少垂直流动。空气较轻的本质,使其能在三维空间中肆意逃逸。而水流与空气在经过实体要素时的运动方式非常相似。

让风“显形”还可以借助图示[图 7-1(a)]或想象。无论采用哪种方法,其目的都是揭示当下风的运动轨迹,并在场地进行设计干预后得到新的迭代效果。

风的运动受到空气湍流的影响而具有不稳定性,通常不会出现直线流动。正如自然界中的河道很少是直的,弯曲的河道有利于消减水中湍流的数量,让航道更安全。在景观场地中湍流会提高风的降温能力,即湍流越多,其从人体表面带走热量的能力越显著。空气湍流的数量取决于风速(风速越快,湍流数量越多)和表面粗糙度(表面越粗糙,空气湍流数量越多)。

由于风向和风速都在不断变化,虽然我们无法判断风的具体流向,但可以描述风的变化程度。

请注意,现实中的风并非像天气预报里的风向和风速那样。天气预报是一个将特殊一般化的过程,即统计平均值,而现实是一个多样特殊的世界。正如天气预报今天风速为 10 km/h,风向为西北风,但在今天的某些时间段内,风速可能为微风也可能是 25 km/h,风向可能是西风也可能是北风,更可能是南风。在现实的小气候设计中我们必须更加关注风的特殊性、多样性与变化性,而非其一般性。

首先,多样性表现在风向和风速都会随着时间和季节而变化。风通常在下午时刻最大,而清晨时刻最小。我们可以借助风玫瑰来描述场地内的主要风向[图 7-1(b)]。

但多样性中也蕴含了一定的统一性,即风在不同季节中会呈现特定趋势。例如,许多北方城市冬季的盛行风为北风,其他季节中各个方向的风量均匀。这个信息对于判断挡风设施的设置方向,提高冬季热舒适非常有用。尽管我们无法针对每一种风环境情况都进行特定设计,但可以集中精力处理盛行风。

图 7-1(a)

空气在地表附近的速度较慢,但随着高度增加,速度越来越快。高度与速度之间的量化关系是非线性,即近似于对数函数。这意味着在地表附近,风速随着高度的增加,变化较大,而到了一定高度后,高度的增加对于风速的影响会逐渐减弱。此外,空气中湍流的数量也会随着高度的增加而增多。

图 7-1(b)

风玫瑰记录了各个风向所占的比例。图中的主要风向为西风。

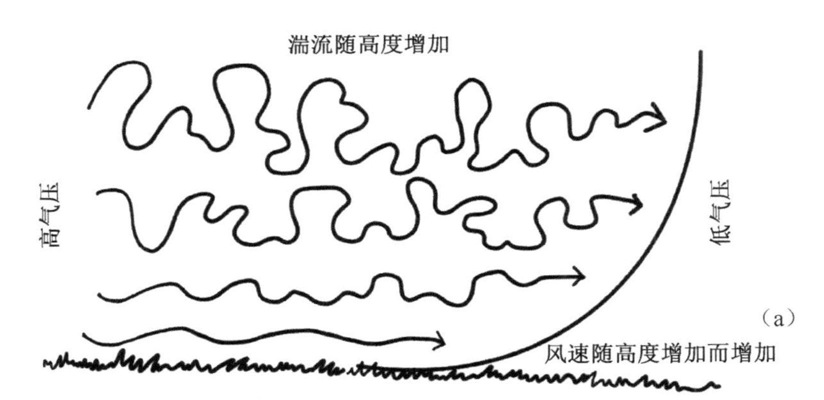

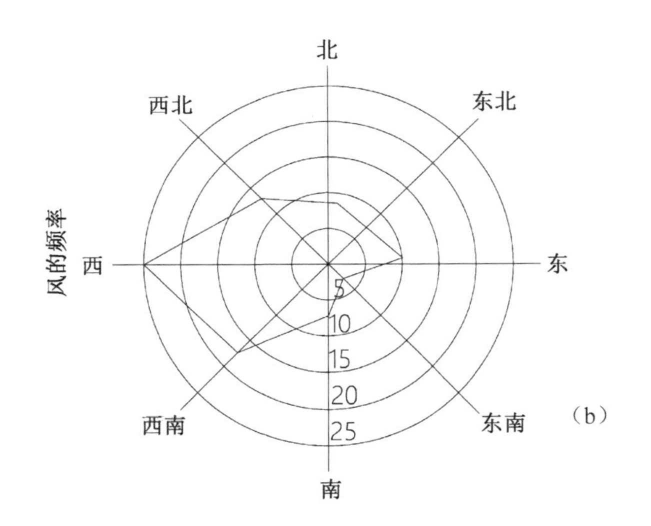

人们之所以能“感受”到风,是因为空气分子在运动过程中与体表发生了接触。尽管这个过程时间很短,两者仍会发生能量和水分交换。若空气的相对湿度低于体表皮肤,则皮肤上的水分就会蒸发进入空气。蒸发过程消耗的热量将影响人体能量收支平衡,因此会有一种凉爽的感觉。如果空气温度低于体表温度,风的对流作用则会将身体热量转移到空气中,因此诸位同样也会感到凉爽。

正如前文所述,风能显著影响人体热舒适,对流作用(Convection)取决于以下3个因素:风速(W_S)、空气温度($T_{气}$)与人体皮肤温度($T_{皮}$)之差、衣服绝缘性(I)。通过公式表示这些关系:

$$\text{Convection} = \frac{(T_{皮} - T_{气}) \times W_S}{I}$$

由于以上要素还需赋予权重,因此这一公式并不是完全正确,但它反映了对流的降温作用随着风速的上升而增大,也随着人体皮肤温度和空气温度差值的增大而增大,同样也表示衣服绝缘性越好,对流降温作用越小。

■ 有趣的是,两个最重要的小气候要素(辐射和风)都是肉眼不可见的(人眼可见的部分只有可见光)。因此在小气候设计中诸位需要重点考虑的恰恰是这两个“不可见”要素。

正如上文所述,在设计实践中我们需要将风可视化,但问题是我们无法将景观场地中所有地点所有时刻的风环境都绘制出来。取而代之,我们可以绘制某一个时刻整个景观场地所有地点的风环境,或者绘制景观场地中某一地点一段时间内的风环境。

调控风环境包括了以下三个步骤:首先,确定场地内风环境的长期总体特征,即盛行风及风向;其次,确定能影响风速和风向的景观要素;最后,根据不同小气候设计目标,制定不同的景观设计方案。

7.3 风的数据

我们可以向当地气象站获取距离地表10 m高处每小时、每年、每30年的风速和风向统计数据。获取该地区风环境的总体特征以及与目标场地相关的特定日期或年份的具体风环境数据是完成小气候设计目标的关键。我们将在第 9 章中详细讨论。

7.4　景观要素对风的影响

场地中绝大多数景观要素都会影响风,其中有些会降低风速并改变风向,还有些则会提高风速,同时景观要素的布局与朝向也会产生影响。

虽然我们可以借助公式准确计算辐射能量,但无法借用公式来精确描述风环境。

空气究竟如何在景观场地中流动? 设想如下场景:在一个地势平坦的场地中有一排垂直于空气流动方向的树阵(图 7-2)。

当空气与树阵相遇时,后方空气将会推挤前方空气使其一部分流向其他地方,还有一部分穿过树枝间的空隙,另外一部分被迫上升且最终越过树顶,其余部分则会从两侧绕过树阵。

结合上述三个流向,诸位可以清楚上风处的状况,即风与树阵最先接触的地方。首先,由于树阵的抵挡,风会在此积压,其产生的回压将使树后方形成低压区。其次,空气分子的移动速度在树阵边界会加快,即风速提高。最后,由于只有部分空气分

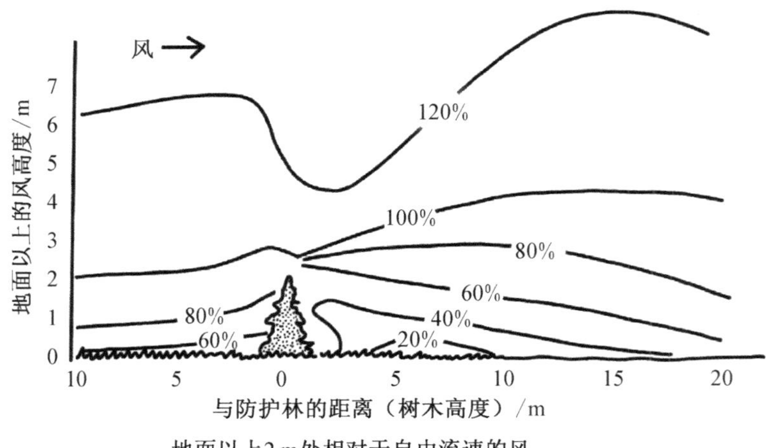

图 7-2

一排紧密种植的雪松树阵阻挡了风的流动。当风接触到雪松后,速度将改变。树顶和树两侧的风速会增加,而背风处的风速会减小。

子会穿过树林，因此下风口处的风速比开敞处和树林边缘要低（图 7-2）。

设想另一个场景，用一段实心墙代替上例的树阵（图 7-3）。虽然风在墙体前后的情况与上例大致相同，但是各区域的风速大小和湍流数量有差异。

图 7-4 阐释了风速下降区域及下降程度与遮挡物透风性之间的关系。

■ 场地中的景观要素能显著影响风环境。然而与辐射的调控不同，景观要素对风的调控无法精准量化。但结合理论和观察能使我们提升调控风环境的能力。

■ 景观要素的很多方面都可以影响风环境，包括其大小、位置、朝向、孔隙度和邻近度等属性。在小气候设计过程中我们应巧妙利用不同景观要素的特征属性来因地制宜地服务于场地风环境的调控。

在景观场地中所有位于上风向并具有挡风作用的物体都可作为挡风屏障，它们的大小、位置和透风性都是决定挡风效应的

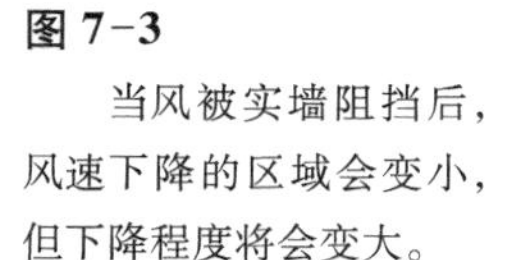

图 7-3

当风被实墙阻挡后，风速下降的区域会变小，但下降程度将会变大。

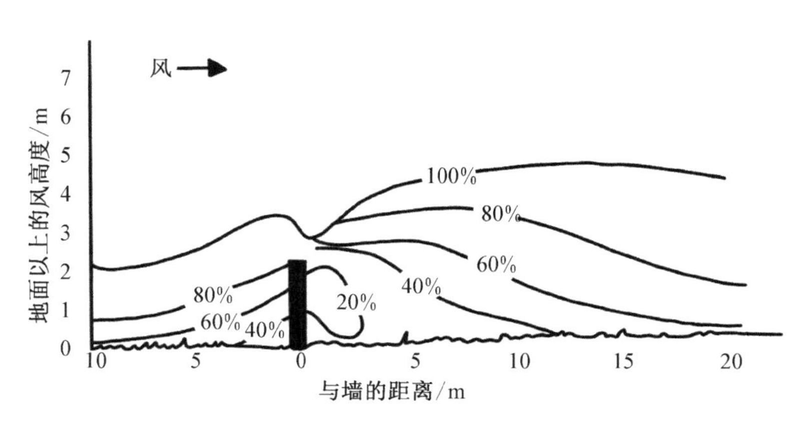

地面以上2 m处相对于自由流速的风

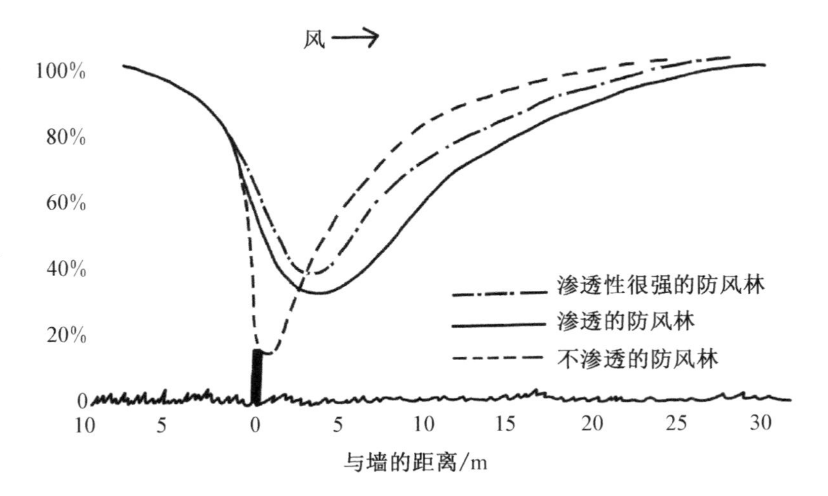

图 7-4

不同渗透性防风屏障的降风效果。不渗透的防风屏障能将风速降至最低,但是降风面积最小。防风屏障的渗透性越强,风速减弱的幅度越小,但面积越大。

重要特征。虽然通过分析示意图能较为深入地理解挡风屏障与风速之间的作用关系,但在设计实践中我们通常会直接运用以下关于防风屏障和风的一般规律:

■ **挡风屏障的渗透性越小(越不易透风),降低风速的效果越好,但影响面积越小。而防风屏障的渗透性越大(越易透风),降低风速的效果越差,但影响面积越大。**

完成小气候设计目标通常需要平衡风速降低程度与影响面积最终得到最优的设计方案,即能实现较大区域内较大幅度降低风速。但是有时小气候目标是创造一块面积很小的静风区域或创造一块面积很大的低风区域。

■ **一旦通过景观场地设计营造了一个面积很小的静风区域时,该区域内的湍流数量也会随之增加,进而损耗了降风效应。因此当户外风速较大时,很难创造静风区域。**

■ **地形可以改变场地中的风向与风速(图 7-5),但需要结合植被才能对风速产生显著影响。**

图 7-5

只有地形足够大才会对风速和风向产生显著影响。风速在地形迎风面会增加，特别是在接近山顶的地方，而在背风处风速会减小。

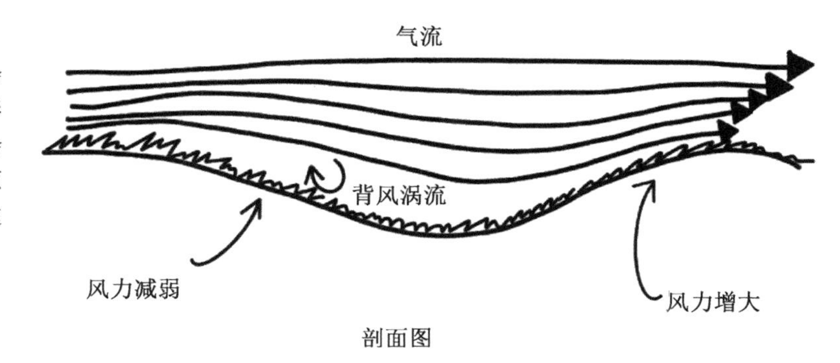

■ 植被能显著影响场地中的风速和风向。通常植物体积越大，树叶越浓密，影响越显著。如落叶乔木在夏季的影响显著性比冬季大，而常绿树虽然在冬季能够显著改善场地风环境，但是在春夏秋季却会降低场地风速。

■ 对场地冬季风环境的改善比其他季节更为紧迫与重要。

在多种植被类型中，乔木是影响景观场地风速和风向最显著的景观要素。除了借助数值模拟软件，其影响较难通过公式精准量化，但在设计实践中我们仍可以运用一些普遍规律。

图 7-6 阐释了单个乔木群落和两个乔木群落对风速的影响差异。虽然仅表示了二维场景，但在设计实践中诸位的脑海里要始终思考该场景的三维动态。这个过程就像诸位大学期间在抄绘优秀案例时，如果没有同步思考其三维场景并推敲其中尺度细节，将会事倍功半甚至徒劳无功。

基于图 7-3 和图 7-4，诸位知道防风林后面存在一个低风区域。但若有人站在此处，其身体除了脚踝处以下会处于静风区域，其他部位感受到的风速会相对较高(图 7-7)。

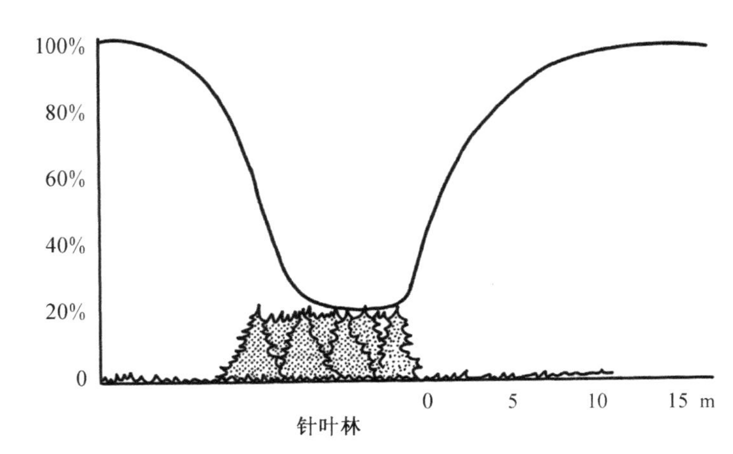

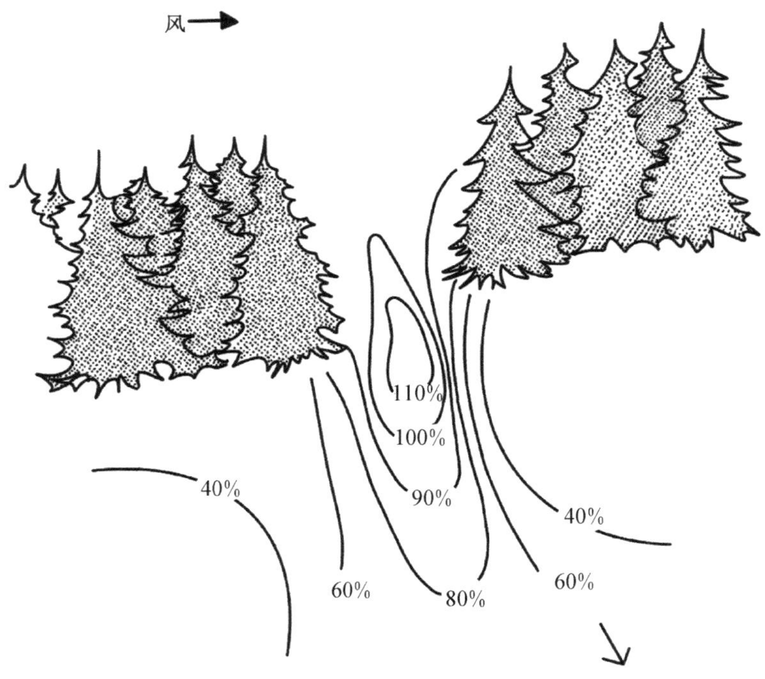

图 7-6

不同的树木种植方式都有典型的风场。这张图阐明了两种树木种植方式产生的不同风场

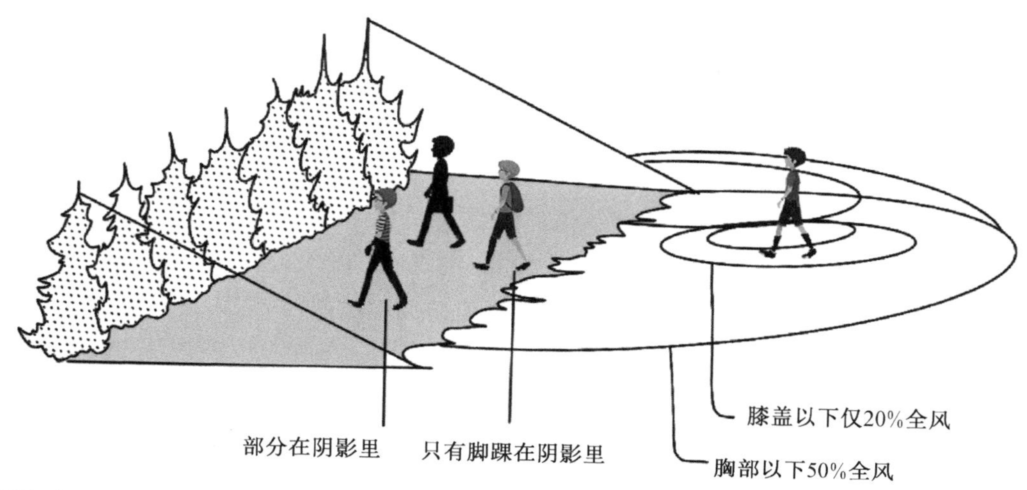

图 7-7

场地的三维场景能揭示一些难以直观想象的情况,在该例中由于静风区的高度非常低,因此对人体热舒适几乎没有产生显著影响。

灌木

虽然灌木对风的影响机制与乔木相似,但二者的影响尺度有所差异。合理种植灌木可以有效营造小面积休息区域的风环境或降低建筑周围风速以降低建筑能耗。

7.5 模拟景观场地风环境

上述原则皆建立于理想状态下对景观要素作用的独立分析,其得到的结果与实际场景并非完全符合。

但在设计实践中诸位可以运用以下两个方法:(1) 先明确场地中能用来改变风环境的景观要素,进一步叠加标有盛行风的底图以分析场地中可能产生较明显风场的区域。(2) 建立场地模型,利用风洞或者水槽来模拟风环境。

我们将在第九章中详细介绍它们。随着计算机技术的进步,当下有许多数值模拟软件可以模拟景观场地的风环境,如 Envi-ment、Scstream-Cradle、Fluent 以及基于 Grasshopper

的 Butterfly。

有两种基本方法可以理解景观场地风环境。其中一种较为直观,即将等比例模型放置在风洞或者水槽中以模拟真实场景并测量模型中的风速。这一方法能让我们较为直观且随时改变设计方案并观察迭代后的风环境情况。

另外一种较为抽象,主要依靠经验分析与推理。此方法在日常设计实践中更常用但精准度较低,即将从基于类似场景的测量结果扩展运用到当前场景中。例如多位研究人员都测得雪松树阵对风的影响程度,那么诸位就可以将这些测量结果进一步扩展运用到具有类似场景的项目中。其局限性在于扩展运用时所做的调整都需要一定时间的经验累积,对于经验不足的设计师较不友好。

■ **在调控场地风环境之前,我们必须明确以下问题:场地所在区域的盛行风向是什么?风如何影响人体热舒适与建筑能耗?能实现小气候设计目标的风速和风向是什么?场地内能影响风环境的景观要素是什么?如何布局场地内的景观要素能达到最大效果?**

7.6 应用案例

失败是成功之母,那些能形成舒适风环境以及产生不舒适风环境的设计案例都是我们的学习对象。

图 5-3(a)和(b)中展示了一栋位于中纬度地区且具有舒适风环境的住宅。在该例中松树分别被种在住宅的北侧、东侧和西侧,并且保持有一段距离。因此在冬季不会遮挡阳光进入室内并能有效改善秋季、冬季和春季住宅周围的风环境。随着四季变化,树木生长,其防风作用日趋增强,最后将为住宅提供相对静风的周边环境从而降低冬季建筑采暖能耗,同时提高秋

季、冬季和夏季户外人体热舒适。

如要将风和辐射的调控相结合，则可以把落叶乔木种植在住宅的南侧和西侧，为夏季炎热的午后提供遮阴，并在冬季落叶后将太阳光引入住宅内部。虽然以上设计方法看似非常简单基础，但是却能有效且显著提升住宅全年的小气候舒适度。

诸位身边存在很多风环境非常不舒适的景观场地，而这种情况多发生在高密度城区。其中一个主要原因是场地周边高层建筑阻挡了高空中的风（风速随着地表高度增加而增加），并将其转移到地表附近[图 7-8(a)]。这些高速移动的风沿着建筑表面下降到地面，让人们感觉好似从建筑物中吹出并在建筑地表形成一个高风区域，对在建筑一层入口进出的人带来诸多不便。图 7-8(b)阐释了通过裙房偏转垂直风的建筑风环境优化方法。

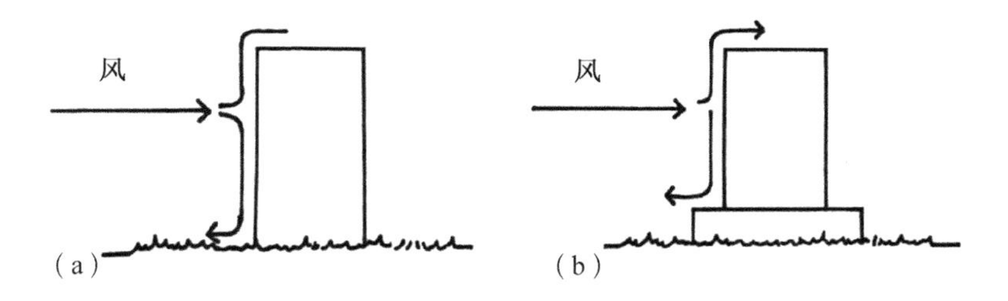

图 7-8

(a)在高密度城市中，高层建筑阻挡了高空中快速移动的空气并且将其引导下降至地表进而在建筑入口形成一个高风速区域，使行人在冬季感觉更寒冷。(b)解决此问题的方法是通过增设裙房偏转垂直风，阻止其达到地面。

风环境的其他消极影响还包括当建筑朝向与盛行风一致时，风将显著影响步行空间。由于人流量较大的若干建筑经常被设计成组群，若建筑组群开口朝向为南北向，则容易将北风引入组群内部，从而在冬季使行人感到极不舒适。

解决这个问题的方法有很多，如：

(1) 改变上风口处的风环境，使风在到达人行道前速度降低并转向；

（2）在建筑组群建造前调整建筑布局方式；

（3）在人行道的上风口增设具备防风效应的景观要素使风向偏转或分散；

（4）设置封闭建筑组群回廊将人行空间与外界风环境隔离。

除此之外，诸位也可以运用本书介绍的设计原则，创新性地提出独创的解决方法，不要陷入工具理性的思维惯性中。

7.7 定量测量景观场地中的风速及其对人体热舒适的影响

估算景观场地中不同位置风速的公式有很多。在此，我们将讨论一些具有扩展性的设计案例。

我们首先研究调控场地冬季与夏季风环境的效果。

先是冬季场景，假设在一个空气温度为-10 ℃，相对湿度为50%，风速为5 m/s且多云的寒冷天，此时人体净辐射能量为217 W/m^2，若受试者身着F类衣服（附录表A-2）正在快速行走（新陈代谢能为250 W/m^2）。将此数据代入附录A模型，可得此时COMFA值为-151 W/m^2，结合附录表A-3可以判断此时人们将感到太冷。

若诸位在场地中新增一排防风树阵将风速降至原来的25%，则此时COMFA值将提高至-70 W/m^2，虽然此时热舒适有所提升，但受试者会依然希望能更暖和一点。

若诸位在防风树阵的下风向再新增一个封闭回廊，则此时COMFA值将提升至令人舒适的-49 W/m^2。

接下来是夏季场景，假设在一个空气温度为30 ℃，相对湿度为75%，风速为5 m/s，太阳辐射为1 000 W/m^2，太阳高度角为35°的夏日里，受试者的着装为附录表A-2中的A类衣服（隔热性为50 W/m^2，透气性为175 W/m^2）且正在快速行走（代谢热量为 180 W/m^2),将此数据代入附录 A 模型,可得此时 COMFA 值为 268 W/m^2,受试者将感到不舒适。

同样,若诸位在场地中新增一排防风树阵将风速降至原来的 25%,则此时 COMFA 值将提升至 290 W/m^2,结合附录表 A-3 可以判断舒适度比之前更差了,即一个非常不舒适的体验。

接下来,若诸位请受试者站在防风树阵后方,并增设遮阳设施让太阳辐射降低至原来的 15%,则 COMFA 值将下降为 97 W/m^2,虽然对比前两个场景已经有很大改善,但此时受试者依然还是感觉太暖。

若诸位保持遮阳设施不动但移除防风树阵,则 COMFA 值将进一步降低至 74 W/m^2,结合附录表 A-3 可以判断受试者的感受接近于舒适。

从此案例可以看出在高温环境中营造景观场地热舒适的最优操作是调控太阳辐射并在此基础上进一步调控风环境。

7.8 总结

风环境受到景观场地内几乎所有要素的影响且能显著改善人体热舒适以及降低建筑能耗。

■ **虽然上文论述了很多可用于调控景观场地风环境的设计方法,但是诸位在设计实践中不要被工具理性束缚了创造力。**

7.9 思考

1. 回顾第四章思考题 6 中的溜冰场。当溜冰场建好后,诸位还能想出什么其他方法能在更长久地维持场地冰面状态的同时使冰场环境更舒适?

2. 回想诸位曾给校常委会、开发商和住建局提的建议(见第五章),现在诸位是否有了关于如何调控风环境的详细建议?

3. 假设诸位居住在一个常下雪的地方但不又想铲雪。为了使入口门前不产生积雪,诸位会如何布局住宅前的车道? 除了方位和朝向,还需要在其周边设计哪些景观要素以进一步减少积雪?

4. A 夫妇(第六章思考题 2)很喜欢诸位给他们设计的阳台并希望冬天时还能在阳台上烤肉,但是冬天有几天特别冷,对此诸位有什么建议? 如果阳台的位置可以改变,放在哪里更好?

第八章
空气温度、相对湿度和降水调控

■ 景观场地内的空气温度和相对湿度通常较难被景观设计显著调控,因此在小气候设计中它们常常不是考虑的重点。调控景观场地中的降水可以通过增设悬挑构筑物实现,而对于降雪的分布则常通过调控风来实现。

8.1 引言

场地中的降水能通过景观设计进行调控且方法也较为直接,与风和辐射的调控方法差异较大。但值得注意的是,降水对人体热舒适和建筑能耗的影响有限。

正如前文所述,虽然空气温度和相对湿度会显著影响景观场地中的人体热舒适和建筑能耗,但由于气流(风)强大的混合作用会迅速消除景观场地中空气温度和相对湿度的梯度差,因此景观设计通常难以高效调控它们。

诸位可能觉得这与我们的直觉不吻合,确实当景观场地与外界环境隔离度较高时,空气温度和相对湿度的调控也能取得较好的效果。比如诸位在中外园林史中接触到的古代的伊斯兰庭院花园以及当代的纽约曼哈顿的“袖珍”公园——佩雷公园。后者就是得益于四周围绕的摩天大楼和树冠将公园内部与外界环境隔离开,使公园内外部的空气温度形成显著差异。

8.2 小气候要素的特性

空气温度

■ 景观场地内任何局部空气温度的改变都会因为空气分子的流动而均质化。即使把场地完全隔离(如通过围墙完全围合),也只能小幅度地改变景观场地内部的空气温度。

例如一个被墙体四周完全围合且内部种有大冠幅落叶树的花园,其内部空气温度将会比周围空气温度低(图 8-1)。

在夜晚冷空气会聚集在围墙内,当次日早晨太阳出来后,树冠会降低进入场地内的辐射能量。此外,风很难将围墙内外部的空气混合。特别是围墙内的冷空气无法流动到外部,因此围墙内的空气温度将比围墙外低。

然而这种调控方式对人体热舒适的改善程度较低且收效远小于其他调控方式。因此该方法只推荐用于特殊情况。

霜袋是另外一个场地内部空气温度与周边具有显著差异的例子。在春秋晴朗、平静的夜晚,当空气温度接近于霜冻温度时就会产生霜袋。此时山顶若无冠幅较大的乔木,则此处的空气温度以及空气密度将会比周围区域更高,这部分空气最终会沿

图 8-1

景观场地中任何地方的空气温度和相对湿度通常都近乎相同。但使用围墙围合场地、种植乔木形成密阴并增设水景能改变场地内空气温度和相对湿度。

着山坡向下流动至山麓,直至被景观实体要素(如灌木丛)阻挡(图8-2)。冷空气就会在低洼地区或山麓聚集,形成一个经常冻伤植被的寒冷地带,即霜袋。

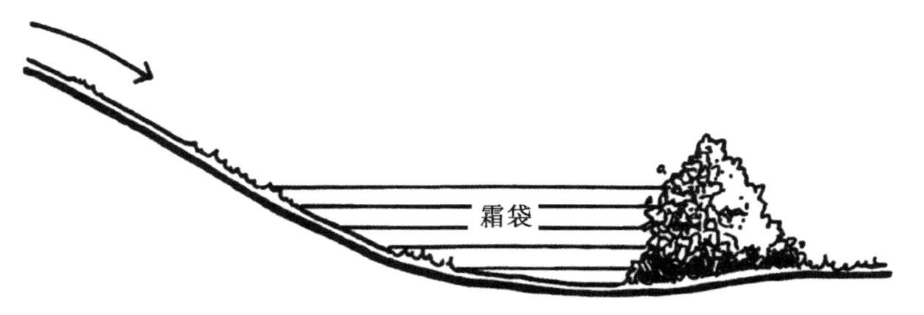

图8-2

在晴朗平静的夜晚,空气温度会迅速下降。由于同体积的冷空气比热空气重量更大,因此前者在夜晚会缓慢沿着山坡流向地势较低的区域。冷空气最终会在低洼区域或者被景观实体要素阻挡而形成一个低温且常冻伤植被的霜袋。通过为冷空气提供流动出口能消除霜袋现象。

相对湿度

■ 与空气温度一样,景观场地内任何相对湿度的局部变化都会因空气流动而均质化。但当局部区域被隔离或空气流动被制约后,相对湿度就能得到较为有效的调控。例如四面围合的花园内部的相对湿度就与墙外不同,此时那些喜湿润的植物在干燥地区也能成活。

如果围墙花园内部与外界环境完全隔离,风就无法混合内外部空气,场地相对湿度就得以调控。这种方法适用于原本相对湿度就比较低的区域,如伊斯兰园林所在的中东地区,在那里凉爽潮湿的公园深受大众喜爱。如果原本相对湿度就很高,那么进一步提高则会变得很困难,实属事倍功半。

在干燥地区提高空气湿度的关键是水源,因此可增设水池或者利用植物的蒸腾作用消耗空气的能量,从而降低空气温度。

■ **在干燥的景观场地中增设水景可以提高场地能量收支平衡流失途径中的能量，最终消耗那些可能用于加热地面及空气的能量。**

■ **在景观设计中需要考虑降雪以及风对雪飘落位置的影响。**

■ **当风速较高时会携带着雪一起移动。风速越高，携带的雪量就越大，若风速下降（被防雪栅栏或者景观实体要素拦截），雪就会堆积到地面（图 8-3），一旦风速再次提高，则积雪将被吹散。**

在明确小气候设计目标后，可调控风改变降雪堆积区域。若诸位希望车行道上没有积雪，则需要提高该区域的风速。

由于在雪散落的区域容易有堆积现象（特别当雪湿又黏时），因此设计必须根据降雪时的盛行风向，这可从气象记录中得知。通常雪伴随着东风而来。

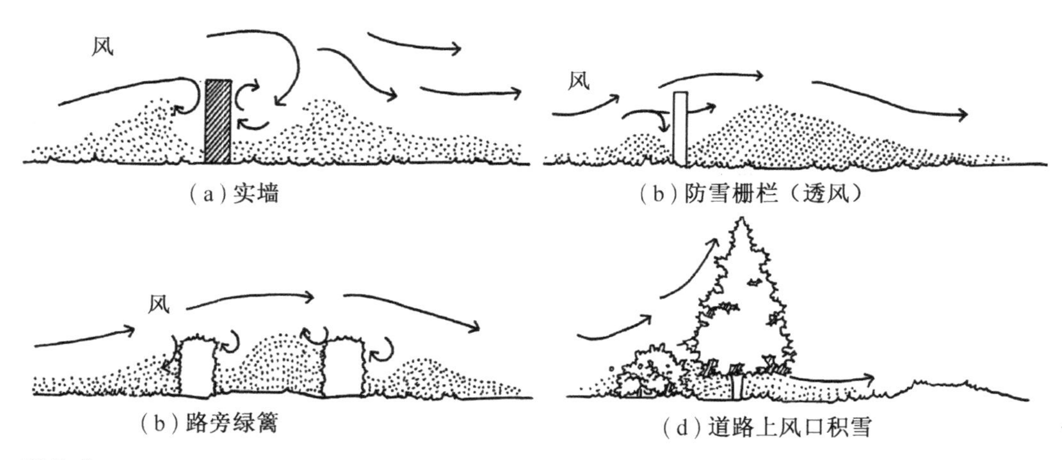

图 8-3

风所携带的雪量取决于其速度，即风速越大携带的雪越多。设置挡风物（如防雪栅栏和常绿树篱）可降低风速使雪降落在地面。通常实体风挡会将雪堆积在其附近，而具有孔隙度的风挡会让大部分雪堆积在更大的范围内。相反如果需要清除积雪，则需提高该区域的风速。

雪在落地后会被吹散或继续在地面上打转(特别是当雪很轻又很干时),设计必须基于停雪后的主要风向,通常停雪后风都是从北边吹来。

在有狭管效应的区域风速会提高,我们亦可利用它来降低景观场地中的积雪量。

通常很难营造出一个没有积雪的户外场地,因此在设计时需要甲方明确场地是舒适的但需要清除积雪,或者是无需清除积雪的但不舒适。

相反,有些景观场地需要充足的积雪,如滑雪道或者位于冬季较为干燥地区的花园(积雪可以增加空气湿度)。通过在降雪时降低风速可以使积雪堆积在目标区域内。

■ 降雪时的主要风向可从本地气象站数据记录中获知。在许多中纬度地区城市,北风通常伴随着冷空气的到来,而南风或者东风则会携带降雪或者降雨。

■ 在雪到达设定的无积雪区域(如路面)之前,可以利用永久性(如常绿灌木)或临时性(如防雪栅栏)的挡风物降低上风口的风速使其降落并堆积在地面。

8.3 总结

虽然景观场地中所有要素都会对空气温度、相对湿度和降水产生一定影响,但它们的影响相对较小且无法显著改变人体热舒适和建筑能耗。在景观场地小气候设计中合理布局景观要素来调控风速能显著改变积雪位置。

8.4 思考

1. 假设甲方委托诸位在内蒙古草原新建一个景观场地,那里夏季炎热干燥,诸位会如何通过小气候设计使场地更舒适点?

会如何利用水体？如何降低空气温度？

2. 假设诸位的另一个项目在广东，那里夏季闷热潮湿，诸位会如何通过小气候设计降低空气湿度使得场地更舒适？怎样降低空气温度？

3. 甲方委托诸位设计一栋农村别墅，诸位会如何利用种植设计来降低别墅冬天采暖能耗并降低积雪困扰？

第九章 在景观场地设计中结合小气候信息

9.1 引言

前几章介绍了景观场地小气候设计中各景观要素的调控方法。本章将讨论如何更合理地将它们整合于设计过程。通过之前的学习,现在诸位对小气候及其如何受景观要素影响已经有了基本了解,包括:

1. 对于营造景观场地热舒适关键的小气候要素,它们影响人们对场地的使用并且可通过景观设计进行调控;

2. 不同景观要素对关键小气候要素的作用及调控方式;

3. 景观场地中小气候对人体热舒适与建筑能耗的影响。

在具体项目的小气候设计实践中如何运用以上理论还取决于其他相关因素,比如项目中用于小气候设计的周期和经费、甲方的目标、场地本身特征、设计中是否涉及具体使用人群或建筑等。

对于任何小气候设计问题没有所谓“唯一”“最正确”或“最好”的解决方法。相反,解决方法和答案总是多样的(这就是设计的本质)。在此我们旨在为诸位提供一个在设计中用于评估小气候的框架,在实际的设计项目中诸位可以全部或者部分采用该框架。

9.2 在设计过程中思考小气候因素

图 9-1 阐述了一种将小气候与设计或过程相结合的方法，其关键步骤包括：

1. 确定小气候设计的总体目标。

2. 设定小气候设计可实现的明确具体目标。

3. 确定用于小气候设计的时间和经费。

4. 确定目标景观场地中主要活动类型、主要使用时间(一天中哪些时间,一年中哪些季节)。

5. 根据步骤 3 和 4 获取的信息,重新评估总体目标和具体目标。

6. 确定小气候设计的方法(通过理性思考或直觉)。

7. 整理小气候信息数据库,包括适用本项目的气候数据和场地其他相关信息。

8. 基于以上数据,绘制和确定景观场地小气候的内在特征。

9. 基于对景观场地小气候内在特征的分析结果,提出设计方案并叠加场地底图,确定它们是否会影响场地原来的小气候特征。

10. 利用本书阐述的小气候要素调控方法并结合本项目的小气候设计目标进一步强化与改善积极和消极的小气候要素。

11. 通过水槽、风洞或其他测试工具(微气候计算机数值模拟软件)评估小气候设计方法的有效性。

以下各节内容将更为详细地讨论这些步骤。

总体目标

在制定景观场地小气候总体目标前,先明确总体目标的定义：

- **总体目标是一个定性描述。**

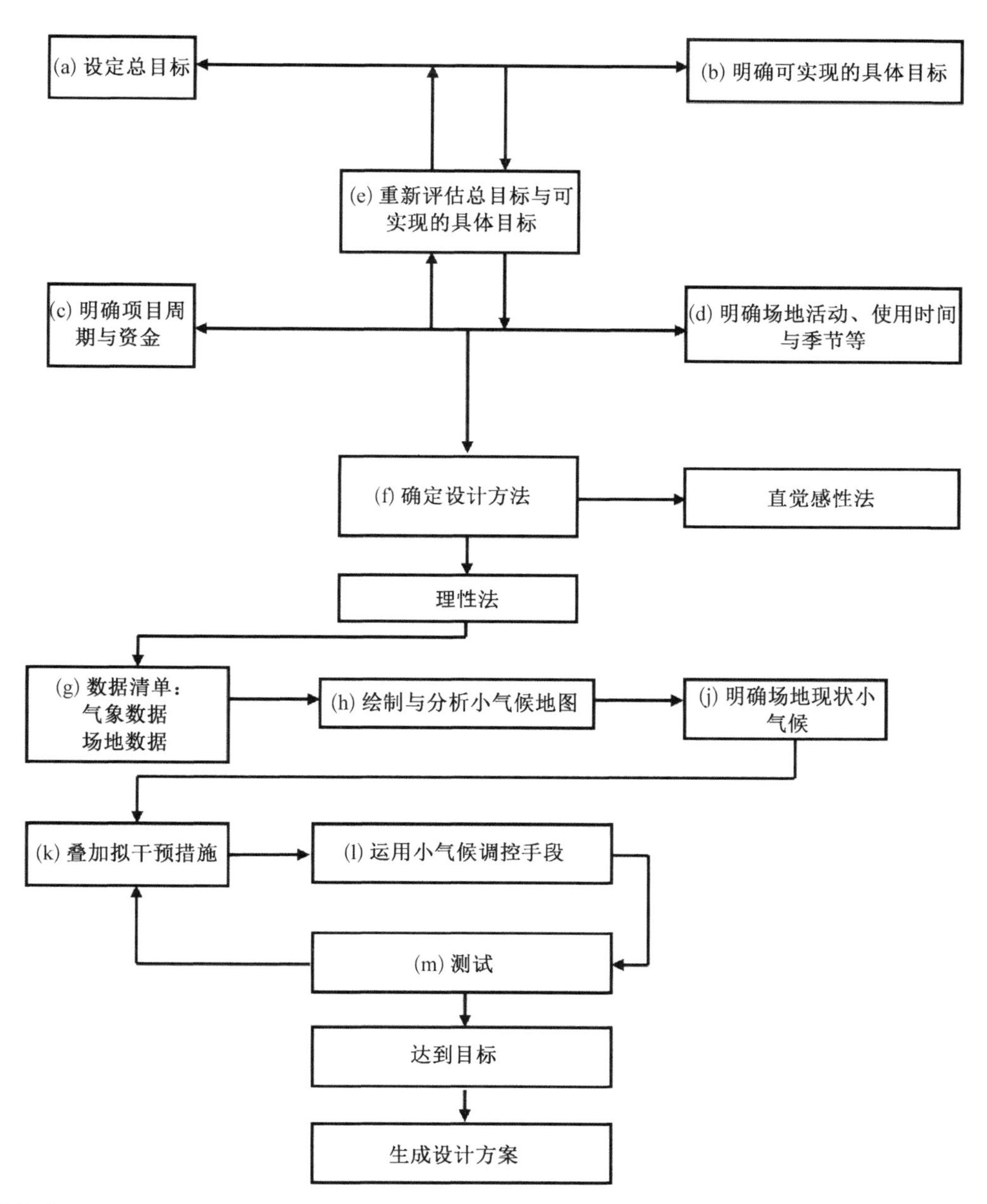

图 9-1

一种将小气候结合于设计规划过程中的方法。

例如小气候设计的总体目标可能是“为景观场地提供热舒适”。总体目标必须进一步分解为多个明确并定量的具体目标。

■ **如果所有具体目标均已实现，那么可以推断总体目标已经达成。**

例如，小气候设计的总体目标可能是“为人们在公园里吃午餐营造一个热舒适环境”或“最大限度降低建筑采暖能耗”。一个设计项目也可能有多个总体目标。例如甲方想要实现既能“为观众提供舒适的观看区域”，又要能“为运动员提供热舒适的运动场”，还要能“最大限度地减少室内场馆的能耗”。此时需要对目标的优先度进行排序，在抓住主要矛盾的前提下处理次要矛盾，因为最大化某一目标的同时可能会对其他目标产生负面影响。

明确项目的总体目标并在整个设计过程中始终牢记它。当设计过程中出现甲方新的变更指示时，必须评估这个变更将如何影响总体目标，有时还需要根据新情况调整总体目标。

■ **无论如何，在设计过程中始终要有明确的目标阐述。**

具体目标需与总体目标齐头并进。总体目标可能是无法定量测量的定性描述，但具体目标必须是明确、定量且可实现的。

■ **一旦实现所有具体目标，总体目标就将实现。**

假设一个项目的小气候总体目标是“营造一个舒适的户外用餐区”，其具体目标如下：

1. 根据客户要求，明确咖啡馆在一天和不同季节中的主要使用时间。

2. 整合和分析场地和气候数据，识别场地本身在主要使用时间段中是否存在舒适的小气候。

3. 提出增强舒适小气候和改善不舒适小气候的设计方案。

4. 利用水槽和典型辐射数据来估算设计方案的舒适度。

5. 不断迭代设计方案以获得最佳舒适度。

■ 明确具体目标有利于制定更有针对性的任务。

例如，具体目标 2 可扩展为如下任务：

a. 明确可能会影响辐射和风的场地景观要素；

b. 建立场地的等比例模型并在水槽中进行测试；

c. 从离项目场地最近的气象站获取气候数据；

d. 向气候数据服务方获取夏季、秋季和春季的典型数据，以及在户外用餐区主要使用时段的风向和风速；

e. 通过叠加小气候数据和场地原本特征确定场地小气候；

f. 绘制场地小气候地图并判断是否会影响人们在户外用餐的热舒适；

g. 确定能满足大部分使用时段的舒适小气候，并明确最重要的小气候要素（如太阳光入射范围）；

h. 确定形成不舒适小气候的关键要素，并提出改善方法。

以上工作能确保具体目标的完成并最终实现总体目标。

■ 详细列出可以实现总体目标的具体目标，进一步将其分解为诸多精确任务。

如果有无限的经费和时间，那么诸位尽可事无巨细地分析与打磨小气候设计中涉及的各处细节问题。但这几乎是不可能的。大多数项目要求诸位需在设计过程中对各具体目标及步骤的优先等级进一步排序甚至缩减步骤,确保实现总体目标。

■ **明确项目时间和经费限制并在此基础上对所有目标和步骤的优先等级进行排序。**

明确对小气候设计真正有用的数据并非易事,有时可能是一年中特定时间的风环境数据,有时则可能需要将冬季太阳辐射数据作为设计的基础数据。人们获取的气候数据往往都超出了完成小气候目标的所需范围,并且通常需要对原始数据进行处理才能满足设计需求。

■ **为了高效利用项目现有资源和时间,应该明确目标场地的主要使用时间和主要活动类型。**

这将帮助诸位准确判断何种小气候能满足景观场地小气候设计总目标,以及如何充分利用现有资源。

■ **从总目标和具体目标反向推断小气候设计过程中需要哪些数据与相关信息。**

当诸位完成上述两个步骤后,请重新审视小气候设计的总目标和具体目标并确定它们是否需要调整。此时诸位可能对原本的总目标依旧信心满满和雄心勃勃,抑或觉得需要调整原本制定的具体目标和任务。审视目标这一步骤需要贯穿于整个项目。

■ 根据诸位此时所收集的信息，请重新审视小气候设计总目标和具体目标并确定它们是否需要调整。

一旦明确了总体目标、具体目标、任务和优先级，就需确定最适合该项目的设计方法。本质上诸位可以采用的方法有两种，即理性思考与直觉感性。针对项目设计过程中的不同目标和任务诸位可以混合使用。

直觉感性的方法

在对小气候的形成机制及其如何影响人体热舒适和建筑能耗初步了解的基础上，在设计时可以将这些原理和理论放在“脑海中”，并让设计不断根据它们进行调整。采用这种直觉感性的方法，无须按照上述设计框架按部就班。

久而久之，诸位的设计决策将逐渐符合小气候设计原则与理论。使用这种方法必须有经常考察那些建成项目实际小气候状况的经验，观察人们使用空间的方式是否符合预期，现状小气候与设计时的预想是否一致，然后消化吸收这些新信息并将其转化至新的设计。

■ 如果项目的时间和经费有限且没有明显的小气候问题，建议采用直觉感性的方法设计小气候。

理性思考的方法

理性思考的方法认为小气候对设计过程或者设计框架各步骤都有影响。诸位可以将小气候信息运用于场地信息的整理和分析、设计概念的创造、初步布局的确定、详细设计的阶段、设计施工图、施工监理以及建设后评估。

图 9-1 展示了如何将它们与设计框架各步骤相结合的过程，即整理、分析、绘图、小气候设计（干预措施）叠加、设计手法的采用以及方案测试评估。

■ 如果项目有充足的时间和经费，或者有显著的小气候问题亟待解决，则应先采用理性思考的方法进行小气候总体设计，然后使用直观感性方法进行方案局部细节设计。

气候数据清单与场地信息

■ 小气候的信息清单，分析和设计必须是目标导向。

■ 场地信息的整理包括以下两个内容：（1）测量和绘制准确适用的场地底图。（2）获取适用的气象信息。

气候数据清单

当设计师不熟悉目标场地所在区域气候时，获取一些通用的气候数据是非常有帮助的。

诸位或许想了解目标场地所在区域各个季节的气候总体情况。例如场地冬季通常是晴朗寒冷，还是多云、多雨且凉爽，抑或是晴朗暖和？或许还需要不同季节的风速和风向、夏季的晴朗天数、冬季的最低温度等信息。但到底需要哪些气候数据取决于项目的小气候设计目标和任务。

■ 一些通用的气象信息可能非常有帮助。

当诸位开始获取具体气象信息时要思考以下两点：（1）确定一年中小气候矛盾最大的时间段，即最热或最冷的天数及此时的天气情况是什么。（2）不同季节中频繁出现的典型天气情况是什么？

获取每个季节的典型日期的时间数据很有价值，这些日子就是设计场地的主要使用时间。因为人们更倾向于在阳光明媚的日子里出门，但此时恰恰也可能发生极端高温天气。因此诸位最好选择每个季节典型的晴天并获取其气温、辐射量、风速、风向、相对湿度的小时数据并进一步预判每年典型天气的发生频率。

完成以上内容后诸位会对具体的天气情况有新的理解，但总体上前面讨论的小气候设计的一般原则仍然成立。如夏季主要调控太阳辐射,而冬季主要调控风环境。在春季和秋季,对于朝北的场地首先考虑风环境,然后是太阳辐射;而对于朝南场地首先考虑太阳辐射然后考虑风环境。当把这些一般原则与具体的小气候数据结合使用后,诸位就会更加明确项目中小气候设计的要点。

气象小时数据中最有价值的信息是秋天、冬天以及春天的风速和风向以及春季、夏季和冬季的太阳辐射量。

每月或各季节各方向的风速及风向的数据对小气候设计也很重要,这些数据可用风玫瑰图来展示[图 7-1(b)]。风玫瑰能描述目标场地所在区域的常年风环境,诸位结合空气温度数据和风玫瑰图能判断冬季严寒时段的盛行风向与风速,如在冬季白天空气温度不超过 0 ℃时的风速和风向。这就是第 2 章中强调的"具体的"气候数据,这是与冬季人体热舒适和降低建筑能耗最有关的数据。

■ **始终牢记景观场地小气候设计总目标。因为有海量的气象和小气候信息可供使用且这些信息量远远超出了诸位的处理能力。因此需要识别那些对实现项目小气候总目标有用的部分,剔除那些无用的信息。**

场地数据清单

某些场地数据对小气候分析具有重要价值。有时它们可能是在收集其他类型数据中顺带获取的,因此需要根据小气候设计总目标与具体目标或任务进行二次处理。

■ **"坡度和坡向"是对小气候影响最大的地形数据。**

在所有地形数据中,坡度(相对于水平面的角度)和坡向

(坡面所朝的方向)对小气候影响较大。它们会显著影响场地接收的太阳辐射总量以及局部气流,进而影响场地小气候。

某些地形比较复杂的项目可能还需要考虑其他场地相关信息,如土壤湿度(影响地表的能量收支平衡)和场地内水体(可在白天冷却附近空气,并在晚上维持空气温度)。

■ **"类型与密度"是对小气候影响最大的植被数据。**

落叶乔木在无叶期可使太阳辐射进入场地,并在有叶期遮挡大部分太阳辐射,而常绿树在所有季节都会遮挡太阳辐射。灌木、草本和地被植物虽然不能为人体提供阴影,但它们却会影响地表的能量收支平衡,从而影响其所在区域的小气候。场地地表植被覆盖率越低(例如硬质停车场、沙漠或海滩),其发生极端天气的概率就越高。

小气候的图式表达和分析

由于小气候的动态性,其图式表达和分析与其他绝大多数分析都不同。例如,由于土壤随时间变化很小,因此在其空间形态方面无须考虑时间变化,并且一旦确定了土壤特性,就可以将该信息迭代到设计中的其他步骤,如用于预判不同作物的生长潜力、持水量等。

但由于小气候在时间和空间上的巨大变化,我们无法全时全面地绘制它。即使绘制了一个区域在某个时刻的小气候,下一刻小气候可能会完全不同。

解决这一难题的方法之一是根据项目设计中要解决的不同问题(如小气候设计总目标)来绘制对应的小气候地图。例如,小气候设计总目标是营造一个达到人体最佳热舒适的区域,则图里必须有风和辐射并且在一定程度上可以忽略相对湿度、空气温度和降水(因为这些要素在场地中基本保持不变)。然而

除了特定区域的特定时刻，我们无法绘制场地全局的风环境和辐射。但是，

■ 我们最感兴趣的是景观如何改变场地中的盛行风和辐射。请记住，我们只能通过景观要素来调控场地内小气候的盛行状况，别无他法。

■ 绘制场地的坡度及坡向，并基于此绘制太阳辐射的第一个“图层”。

场地坡度将影响接收到的太阳辐射强度[见图 9-2(a)]。正如我们在第 3 章中所述坡度越垂直于太阳光线，接收到的辐射强度就越高。坡向也十分重要，由于太阳在空中运动轨迹的变化，南坡接收的太阳辐射强度比北坡高。朝东和朝西的斜坡在一天中不同时刻接收的太阳辐射强度也会发生高低变化，因此必须将场地的主要使用时间纳入设计要点。

■ 绘制植被类型图，并基于此绘制太阳辐射的第二个“图层”。

植被图的绘制可以从简单的分类开始，如分为以下 3 种：(1) 没有树；(2) 有落叶树；(3) 有常绿树[图 9-2(b)]。当然有些时候分类需要更精细。

再次强调一下景观要素对辐射的影响：

对于没有树的区域：太阳辐射在到达地面之前不会被拦截。

对于常绿树的区域：常绿树将在所有季节遮挡太阳辐射。

对于落叶树的区域：落叶树在夏天比冬天会遮挡更多的太阳辐射。

如果将坡度和坡向层与植被层相叠合，就能得到一个初步

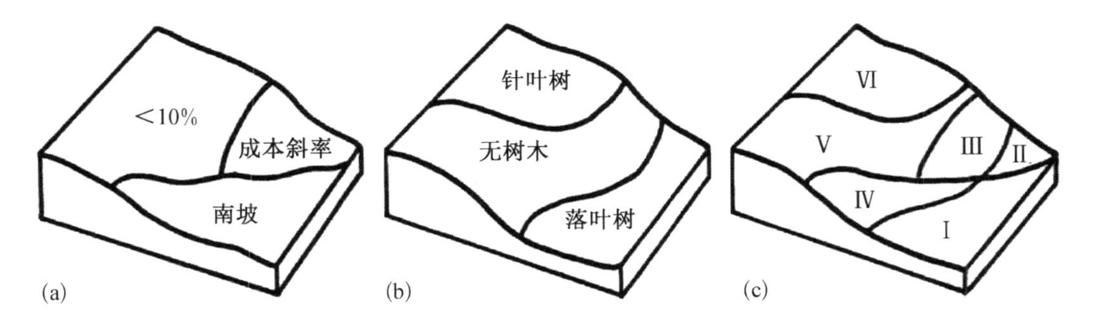

图 9-2

（a）应绘制对场地小气候有显著影响的景观特征的所在区域。例如在考虑场地太阳辐射时需绘制坡度和坡向图，这将决定场地不同区域所接收太阳辐射强度，即可用于营造小气候的能量。

（b）坡度和坡向为诸位提供分析辐射的第一步，第二步则是确定是否有乔木能用于调控太阳辐射。落叶树在不同季节对太阳辐射有不同的影响，而常绿树和无树区域则相反。

（c）通过叠加图 9-2（a）和 9-2（b），我们可以创建一个同时显示这两个特征的叠加图，它可以分析在场地中开展不同类型活动的最佳位置。例如既可在冬季作为越野滑雪道，又可在夏季作为步行道的道路，最好位于北坡的常绿叶林中，这样在冬季能使降雪得以长时间保留，而在夏季为散步提供凉爽的环境。

的太阳辐射图［图 9-2（c）］。运用它能确定与评估场地不同区域的人体热舒适及建筑能耗。

分析小气候地图的方式取决于目标场地的主要使用季节、时间以及活动类型。例如，诸位要为学校设计一条较为舒适的步道，应该兼顾秋天、冬天和春天，而不必考虑暑假。然后我们将按该顺序寻找风速最小、日照最大的位置。在寒冷时节，由于常绿树林能降低风速，因此此处可能是最佳位置。南坡的落叶树林区域也是个很好的位置，因为它能在人行高度提供充足的太阳辐射并一定程度上降低风速，尤其是在春秋季节。而舒适度最差的地方是那些没有植被覆盖的区域以及所有朝北的斜坡。

另一个例子是为附有室外用餐区域的咖啡馆遴选最佳位置。该场地预计的主要使用时间为仲夏正午。我们要尝试尽可能降低太阳辐射输入，并在不会影响调控太阳辐射的基础上尽量提高风速。朝北的山坡将是最凉爽的区域，因为不管落叶树或常绿树都可以在仲夏时形成浓密阴影。咖啡馆所需的小气候环境与上述的步道就不一样。

进一步叠加提出小气候设计干预措施

现在我们已经很清楚场地现状以及所要实现的小气候设计目标，是时候提出干预措施了。无论针对景观规划设计，还是针对建筑选址，首先要做的是通过对小气候地图或其他有关人体热舒适或建筑能耗的前期分析确定不同功能区的布局，生成一张适宜性分析图。

承载力是某区域支撑特定功能或者活动的天然条件。适宜性指结合其他要素来决定在此布局是否合理。例如，尽管某区域的小气候非常适合作为咖啡馆户外场地，但由于它远离厨房或相关建筑从而降低了便利性，因此我们最后可能会在综合考量小气候适宜性与使用灵活性的基础上，遴选一个虽然不是最佳小气候但更靠近厨房和相关建筑的地点作为咖啡馆户外场地。

适宜性分析图可以根据不同设计目标绘制，如分别为户外咖啡厅、网球场、车道或停车场绘制各自的适应性分析图。虽然某个区域能够承载多项活动，但诸位可以根据适宜性分析图来决定其最适宜开展的活动。

使用小气候调控工具（方法）

一旦确定了项目场地整体选址，就可以利用太阳辐射能量和风的相关调控工具（方法）与设计过程来确定设计细节与遴选各不同设施的位置。在某些特定的项目中可能还会涉及相对湿度、空气温度与降水的调控。这些不同小气候要素的调控工具（方法）有助于为每个具体的设计任务选择最佳设计方法。

有时在诸位介入之前，项目中建筑物的基本布局、位置和活动类型都已经确定好了，有时甲方还会要求解决现有活动设施的问题。对此,诸位无法移动建筑物位置或改变现有活动场地,只能对场地做微调,因此可操作空间非常有限。

第一步是评估现状并确定问题所在。因为甲方告诉诸位的问题可能只是表象,但这也作为思考解决问题的一个思维起点。例如,甲方可能抱怨餐厅客流量太低是因为没有人愿意使用户外用餐区。

在评估这种情况时要考虑多种可能性。若现有户外用餐区位于建筑北侧,春秋季节人们如果觉得太凉,就会选择去有阳光的地方。所以场地中可能存在另一个更适宜作为户外用餐区的地方,此处在春秋季节能提供足够的阳光(这个区域一般在建筑南侧,但如果主要营业时间是在下午,则建筑西侧也是适宜的)。

■ **设计师需权衡各方面后做出决定。正如一个在夏季午餐时特别舒适的区域,那么它在夜晚或者春秋季节可能不是非常舒适。因此要时刻权衡多种使用场景。**

假设有一个位于建筑南侧的庭院,其问题是夏天时场地内太热。那么诸位可以尝试增植落叶树为使用者遮挡部分太阳辐射,最好选择春季晚些时候开始生叶的树种,因为它们可以在春寒时以及秋季落叶后将最大量的太阳辐射引入场地又可在仲夏提供浓密遮阴,缓解人体热负荷。

如果不能种树或者甲方要求改造必须立竿见影,那么诸位可以使用其他遮阴设施,如在场地中增设移动遮阳伞,让使用者根据一天中不同的阳光照射情况来自主使用。但这通常不是最好的解决方案,因为遮阳伞无法为桌子上所有人同时提供遮阴。

另一种方法是增设能提供更大范围阴影的花架栅廊,在栅廊上种植能与落叶树有相似作用的攀援植物。当然诸位可以发挥想象力和创造力提出更多解决方法(不要局限于本书或其他人已经做过的项目)。

现在诸位已经了解项目存在的问题及小气候设计目标，接下来就是创造性地解决它们。

■ **实际上本书的主要目的之一是帮助设计师建立一个关于确定小气候设计目标及其要解决的问题的理解性框架，并让他们在解决问题时富有创造力。本书没有所谓的标准答案，甚至没有真正的原型。只有发挥想象力和创造力才能更巧妙地解决场地问题。**

评价设计方案

在建造之前对设计方案进行测试评价非常重要，这样让我们在实验室中就能识别出任何潜在的小气候问题。

9.3　在建造前测试设计方案

一旦设计方案确定下来，就能在实验室中测试并评价其小气候状况。这是一个非常重要的理念，即

■ **我们可以在实验室而非现实世界中犯错误。**

目前有几种工具和技术都可用于测试设计方案并通过不同方式展示场地小气候状况，诸如风洞、水槽以及计算机数值模拟软件(Envi-met、SC-stream Cradle 等)。风洞和水槽是通过测试景观场地比例模型并预判建成后场地风向的传统设备。两种设备的设计都需要建立设计方案的等比例物理模型。模型要足够坚固，确保在测试过程中不会受损，一般放置于圆形底座上，且直径通常不超过 1 m 以允许模型被放置在风洞或水槽中或在测试时进行旋转，以便风或水可以从各个方向流过模型。

由于场地中的景观要素对不同风向的影响差异比对风速

大,因此只要测试不同风向的效果即可。模型中产生的风速是“相对”风速,即相对于自由流的速度。

风洞是一个可以调控内部空气速度的通道,旨在模拟风经过景观场地时的动态过程。将景观场地制作成等比例模型并放置在风洞中央。气流由一个大型风扇推出,经过模型以模拟风在景观场地中的流动方式。风洞是一个相当复杂且昂贵的仪器设备。

我们可以通过放置在模型中的旗子或碎布来可视化风向和风速,或者在上风向释放烟雾并观察它如何经过模型。但总的来说风洞的可视化效果并不太理想。

有经验的专业技术人员能测量风洞中场地模型各位置的相对风速和风向并绘制风环境图。当风从每个不同方向吹来时,等值线图(连接相等风速点的图,与等高线相似)能提供整个景观场地中最有价值的风速信息。

水槽的原理类似于风洞,但利用的介质是水。首先,水和空气都是流体,因此水的流动可模拟空气在穿过模型时的运动。其次,水槽相比风洞还具备一定优势,因为我们可以将沙子或其他颗粒物投入水流中观察它们如何流动穿过水槽中的景观场地模型,并测量其相对速度与方向。

无论是风洞还是水槽都可测试对比景观场地现状和景观场地设计方案。若设计方案的测试结果不理想,则可在模型中对建筑物和景观要素进行调整然后重新测试。

虽然风洞和水槽的功能都很强大,但测试费用较为昂贵。

9.4 利用新科技得到理想解决方案

随着计算机算力和功能的不断提高,现在可以通过计算机程序来模拟许多小气候问题。最简单的例子,我们可以载入人体热舒适能量收支平衡方程,然后输入气温、相对湿度、太阳辐射、风和个人特征(例如活动水平和衣服)等数据,就可以判断特定的小气候对人体是否舒适。如果人们感觉太凉，我们可以调整小气候要素，如提高太阳辐射或降低风速等。虽然这些模型目前主要用于研究，但也越来越多地应用于实际设计中。

现在市场上主流的小气候模拟软件较多，但景观场地小气候设计与研究中较为常用的有 Envi-met 以及 SC-stream Cradle，它们可以综合模拟景观场地中的热舒适且精度较好。如果是用于项目初步设计利用 Grasshopper 结合 Butterfly、Ladybug 等插件是一个较为便捷的选择。当然对于这些软件的使用也有时间和精力学习成本，特别是前两者软件的授权费用较为昂贵。

在未来随着计算机算力和人工智能的进一步发展，诸位可以想象将这些科学模型与高分辨率计算机动画结合起来的场景，比如研究人员能即时看到桌子上的四维图像计算屏幕（第四个维度是时间，这意味着图像及其包含的物体在实时移动）。

根据甲方的指示，我们预估并绘制了整个景观场地的辐射和风并分析景观场地的小气候现状。甲方又给了新的指示让我们预估一下特定情况下场地的热舒适度，例如在典型夏日午后的网球运动员的热舒适。此时，另一个屏幕上将出现新的四维图像并展示此时场地内被评估为舒适、太暖或太凉的不同区域。甲方可能进一步要求说明为什么某区域会太暖以及如何改善的建议。此时人工智能工具会建议增植落叶树降低太阳辐射是最有效的改善途径和手段，同时也给出了另一种建议是在边线处增设太阳伞与座位以便运动员在暂停时间可以在此休息。

随着设计方案的迭代，人工智能工具开始学习诸位的设计习惯，并根据不同项目的特点给诸位提供比现有设计更好的方案。例如人工智能工具识别到诸位通常不喜欢使用太阳伞而更愿意使用本土植物及材料，于是在接下来的方案中它会将本土植物和材料作为首选方案元素提供给诸位，同时还会提醒诸位使用那些平时忽视或不常用的其他植物或者材料可能会有更好的效果。

以上假设的场景可能会让有些人感到非常兴奋和有些惊讶。这些假设目前仍停留于原型阶段,要使它变成应用场景还需要大量的开发投入。事实上,正如诸位想的一样,只有当计算机能完全解决最难的一部分,即风环境的模拟之后,以上场景才有可能实现。

9.5 小气候因素在景观场地设计中的其他应用

在本书中我们论述了在景观场地运用小气候设计的两个主要目的:实现人体热舒适和降低建筑能耗。但小气候设计其实还有许多其他应用。

下面各节内容将讨论小气候设计的一些其他应用并请诸位提出改善方案。

景观场地中植物的存活率

大多数植物都被种植在人们觉得它们可以生存并繁衍的区域。这些判断通常基于诸如全年的最低温度、无霜期的长度、夏季降雨量、最高温度、是否积雪和风速等标准。尽管这些标准对于许多应用已经足够了,但我们知道,场地小气候可能会与所在地区大气候不一致。不同区域的气候区虽然是基于全球大气候划分的,但诸位可通过一些小气候分析来确定场地内的植物是否能成活。

例如我国绝大多数省份都能栽培桃树。在东北地区,桃树果园只能在一些靠南的省份成活,但是单棵树却可以生长在更往北的地方(远远超出预期范围)。这是因为东北可以通过场地小气候创造出与华北平原相似的区域气候特征。

通过研究特定植物物种的具体要求和局限,诸位可以将当地气候改变为适合存活的气候特征。例如,若桃树的关键特征不是存活,而是春天花期的完整度,那么这时诸位可以通过小气候设计来实现。因为如果花朵被完全冻住了,它们就不会结果。或将它们种植在一个附近没有建筑物或其他树木的开阔区域,并且在开阔长斜坡的底部,则此地小气候将是形成“霜冻袋”的理想之选(即使晚上其他地方没有霜冻出现)。但如果该区域是在建筑附近(该建筑会比天空释放更多的大地辐射),且周边有树林又是位于一个空气流动性好的斜坡上,那么此地就非常适合种植桃树。请记住,要点是确定核心特征并通过小气候设计来降低负面影响。

一般来说,我们可以采取多种措施来提高菜园、花园和农作物的存活率和产量。例如,在充分考虑阳光、风、霜和水分的基础上,营造适宜的场地小气候使蔬菜在春季和秋季延长生长时间。虽然各小气候要素会随着气候区的不同而改变,但对于中纬度地区来说,最佳小气候条件通常包括:

(1) 所有季节都有充足的阳光,春季和秋季暖和;

(2) 风速适中(这样不会使春季和秋季太阳辐射形成的热量迅速流失,但也不能完全没有风,因为这样易在凉夜中形成霜袋);

(3) 种植在开阔斜坡的底部,这样在晴朗凉夜中冷空气可以快速流走;

(4) 排水良好的土壤(在春季,干燥的土壤比湿润的土壤升温更快)。

此外,还有许多其他与小气候有关的注意事项。

动物的生存与舒适度

动物热舒适及其模型原理与人体热舒适一致,主要区别在于动物无法经常换衣服并且它们也无法回答关于舒不舒适的问题,除此之外,其他方面都是相同的。

在农业生产中利用小气候分析动物的生存与热舒适具有重要意义,特别是对于牲畜随时都要被养在户外的情况。诸位可能会对许多牲畜的围栏和场地的小气候设计案例在最初分析时会感到有些疑惑。

例如寒冬时牛在大草原上经常被饲养于户外,牧场主人通常为动物提供木板围栏以遮挡寒风。这些围栏不是实心的,板与板之间存在空隙,有时宽达几英寸。虽然诸位直观上觉得这不会有太多的遮挡作用,但是从上文对防风林的讨论中我们可知,有空隙的防风林能提供更大的低风速区域。与密不透风的木板围栏相比,这种具有一定孔隙度的围栏实际上能为牛群提供更好的庇护。

更多方面

小气候设计还有许多其他应用场景值得探讨,其中之一就是改善粉尘或烟雾在整个景观场地中的扩散。诸位可以将它们视为点源或线源污染物,并通过风洞或水槽以及相关散落率等信息对它们的扩散进行建模,进一步测试提出的设计干预措施并观察它们是否能将污染率降低至目标要求。

小气候设计另一个应用是声音在景观场地中的传播。声音可作为点源或线源处理,并且可以用计算机模拟景观场地中任何位置的声音强度水平。这些模型还可以在一定程度上预测设计干预措施的效果。该领域是当前研究热点,因为研究成果对道路附近的城市住宅、碎石破碎机等工业厂房附近的农村住宅具有重要意义。

9.6 总结

让景观场地小气候设计成为景观规划设计的组成部分有许多选择与契机。通过本书所学知识,诸位有时能将小气候设计完美融入景观设计或规划过程,有时也可以让它在优化设计或协助确定管理程序中发挥有效作用。

本章介绍的框架(图 9-1)可以应用于大多数项目中的小气

候设计。诸位在实际操作中可以跳过那些不适用的步骤，并对重要步骤进行适当扩展，但是遵循过程中各步骤顺序能确保没有忽略一些要点。

■ **需要注意的是，小气候学至今仍然是一门不精确的科学。即使通过理论验证了目前的景观设计方案可能营造出场地最佳小气候，但也必须允许人们根据实际感受与意愿对景观进行提升改造，所有的一切最终是为了服务具体的人。**

9.7 思考

1. 对于决定以下案例的选址哪些气候数据是必要的？遴选 A 夫妇所需的露台（第六章思考题 2）、适合晚餐的室外露台（第一章思考题 1）、户外溜冰场（第四章思考题 6）以及公园步道（第四章思考题 7）？

2. 如果可以要求气象记录人员对数据进行详细分析，诸位有什么分析要求？针对庭院问题和户外溜冰场各有什么分析要求？

3. 如果能设计一种长期使用的气象站仪器，诸位会用来测量哪些小气候要素？原因是什么？

附录 A

使用 COMfort FormulA-COMFA 模型定量计算人体热舒适

利用能量收支平衡原理能定量计算景观场地中的人体热舒适。我们从基本的 COMFA 方程开始:

$$\text{Budget} = M + R_{\text{abs}} - C_{\text{onv}} - E_{\text{vap}} - TR_{\text{emitted}}$$

其中:M 为使人体发热的新陈代谢能量;R_{abs} 为太阳辐射和大地辐射能量总和;C_{onv} 为净对流显热能量;E_{vap} 为蒸发的热损失能量;TR_{emitted} 为人体释放的大地辐射。

当方程计算结果即 Budget 接近零时,人体将会感到热舒适。若 Budget 是较大正值,则表明人获得的能量比失去的要多,因此会感到太热。相反,若 Budget 是较大的负值,则人体会感到太冷。

COMFA 模型的每个组成部分都是基于以下各节中介绍的方程式。本附录的最后一部分介绍了使用 BASIC 以及 Python 编程语言编写的 COMFA 模型。

A.1 新陈代谢产生的热量——M

人体产生的总代谢热量 M^* 被以下两种方式消耗:(1) 一小部分热量 f 被呼吸过程中的水分蒸发和显热损失消耗;(2) 其余的热量 M 被传导到人体表层,最终通过对流、蒸发和大地辐射消耗。我们采用以下方程描述这两个热量损失途径:

$$f=0.150-0.0173e-0.0014T_a$$

其中:e 是空气温度下的饱和蒸汽压;T_a 是空气温度,℃。

M^* 是关于体力活动量的函数。

$$M=(1-f)M^*$$

表 A-1 中列出了一些景观场地中人体典型体力活动的新陈代谢能量。

A.2 接收的太阳辐射以及大地辐射——R_{abs}

R_{abs} 值可以通过多种不同的方法来确定,附录 B 中描述了其中的四种:(1) 通过测量场地接收到的太阳辐射和大地辐射或根据附近气象站的数据,计算人体接收的太阳辐射以及大地辐射能量;(2) 使用方程估算人体在场地中接收的太阳辐射以及大地辐射能量(在设计中这种方法通常最有用);(3) 使用易组装的"辐射温度计"随时估算任何环境的 R_{abs} 值;(4) 基于树冠的孔隙度来估算树下将接收到的辐射能量。

表 A-1 特定活动的新陈代谢量/M^*

活动类型	M^*/(W·m^{-2})
睡觉	50
醒着休息	60
站立,坐着	90
在办公桌前工作或开车	95
站立,轻度工作	120
慢走/(4 km/h)	180
中速步行/(5.5 km/h)	250
短暂剧烈运动	600

A.3 人体在对流途径得到或失去的热量——C_{onv}

热量从人体核心流动到外界的过程中必须穿过人体组织与所有衣服，最后穿过人体周围的空气边界层。计算以上过程的方程为：

$$C_{onv}=1\ 200(T_c-T_a)/(r_t+r_c+r_a)$$

其中，T_c 是人体核心温度，℃；T_a 是环境温度；r_t 是人体组织的热阻力；r_c 是衣服阻力；r_a 是人体周围边界层阻力。以上各数据的计算可以通过下列方程估算：

$$T_c=36.5+(0.004\ 3)M$$

$$r_t=-0.1M^*+65$$

$$r_c=0.17\cdot(A\cdot Re^n\cdot Pr^{0.33}\cdot k)$$

$$r_a=r_{co}[1-(0.05P^{0.4}W^{0.5})]$$

其中：r_{co} 为服装绝缘值，s/m；P 为服装面料的透气性；Re 为雷诺系数，$Re=WD/\nu=11\ 333\times W$（本案例中），若 $Re<4\ 000$，则 $A=0.683$，$n=0.466$；若 $4\ 000\leqslant Re<40\ 000$，则 $A=0.193$，$n=0.618$；若 $Re>40\ 000$，则 $A=0.026\ 6$，$n=0.805$。

Pr 为普朗特数，$Pr=0.71$；D 为人体直径（将人体看作成圆柱体，m）；W 为开敞空间风速，m/s；ν 为运动黏度；k 为空气的热扩散系数，$k=0.030\ 1$。

适用 COMFA 模型的典型衣服套装的 r_{co} 和 P 值见表 A-2。

表 A-2 某些典型服装组合的绝缘和渗透率值

类型	r_{co}	P
A:T 恤、短裤、袜子,跑步鞋	50	175
B:T 恤、长裤、袜子,鞋子或靴子	75	150
C:T 恤、长裤、袜子,鞋子,风衣	100	100
D:衬衫、长裤、袜子,鞋子,风衣	125	65
E:衬衫、长裤、袜子,鞋子,毛衣	175	125
F:衬衫、长裤、袜子、鞋子、毛衣、风衣	250	50

注:R_{co} 为绝缘值(s/m),P 为服装整体的渗透性。

A.4 人体释放的大地辐射——$TR_{emitted}$

人体释放的大地辐射可通过以下方程估算:

$$TR_{emitted}=5.67\times10^{-8}\times(T_s+273)^4$$

其中,T_s 是人体皮肤温度,可进一步从以下方程估算:

$$(T_s-T_a)/r_a=(T_c-T_a)/(r_t+r_c+r_a)$$

A.5 人体在蒸发途径中的热损失——E_{vap}

蒸发热损失的计算主要基于呼吸和排汗。呼吸过程产生的热损失与体力活动类型 M 相关。汗液蒸发过程的热损失可以分为通过皮肤的“隐性”热损失 E_i 和通过汗液的“显性”热损失(E_s),可以使用以下方程式计算:

$$E_s=0.42(M-58)$$

$$E_i=5.24\times10^6(q_s-q_a)/(r_{cv}+r_{av}+r_{tv})$$

其中,下标“v”表示对水蒸气的阻力。r_{cv} 为服装蒸汽阻力,r_{av} 为空气蒸汽阻力,r_{tv} 为人体组织蒸汽阻力,q_s 和 q_a 分别是皮肤温度(T_s)和空气露点温度(T_a)时的对应饱和比湿,并且可以在下面方程中代入温度值求得:

$$q=0.6108\{\exp[(17.269T)/(T+273.3)]\}$$

类似于前面求表面温度，利用这些阻力指标通过以下方程可求得皮肤温度(T_k)：

$$(T_k-T_a)/(r_a+r_c)=(T_c-T_a)/(r_t+r_c+r_a)$$

其中，$r_{tv}=77\times10^3$，$r_{av}=0.92r_a$，假设 $r_{cv}=r_c$。那么总蒸发量就是：

$$E_{vap}=E_i+E_s$$

在某些情况下较高的空气相对湿度会使蒸发无法迅速发生，从而导致皮肤表面的汗液无法以一定速率蒸发来保证人体热舒适。汗液最大蒸发量(E_m)可通过如下计算：

$$E_m=5.24\times10^6(q_s-q_a)/(r_{cv}+r_{av})$$

在能量模型计算中，我们将使用 E 或 E_m 中的较低者。

为了诸位方便使用该模型，我们分别使用 BASIC 和 Python 语言将其编写为可运行的脚本，然后只需输入数据就能得到结果。所有值均以公制(℃，m，W 等)为单位。模型的计算结果以“W/m²”为单位，进一步对应表 A-3 来确定对应的人体热舒适及其偏好。

表 A-3　与 COMFA 能量模型计算结果对应的人体热舒适及其偏好

计算结果/($W\cdot m^{-2}$)	人体热舒适	偏好
<-150	冷	希望大幅度变暖
-150～-51	凉	希望变暖
-50～50	刚好	希望保持不变
51～150	暖	希望更凉
>150	热	希望大幅度变凉

A.6 COMFA 的 BASIC 与 Python 程序

在 BASIC 和 Python 程序中输入以下代码行，然后输入“run”，进一步输入计算机提示所需数据之后，将得出计算结果。

BASIC 代码

```
1 INPUT "Metabolism (W/m2)="; M
2 INPUT "Air Temperature (C)="; T
3 INPUT "Wind speed (m/s)="; W
4 INPUT "Insulation value of clothing (s/m)="; C
5 INPUT "Permeability of clothing="; P
6 INPUT "Relative Humidity (%)="; H
7 INPUT "R(abs) in (W/m2)="; R
8 H=H/100
9 B=(-.1 * M) +65
10 E=(0.6108 * (EXP((17.269 * T)/(T+237.3)))
11 F=(0.15-(0.0173 * E)-(0.0014 * T)
12 J=36.4+((0.0043) * M)
13 G=J-(((1-F) * B * M)/1200)
14 X=11333 * W
15 IF X<4000 GOTO 18
16 IF X<40000 GOTO 19
17 Y=0.0226: Z=0.805: GOTO 20
18 Y=0.683: Z=0.466: GOTO 20
19 Y=0.193: Z=0.618
20 N=204/(.0214 * Y * (X^Z))
21 K=C * (1-(0.05 * (W^.5)) * (P^.4))
22 Q=1200 * ((G-T)/(N+K))
23 X=T+ (N * ((G-T)/(N+K)))
24 O=0.8 * ((.95 * 5.67E-08) * ((X+273) ^4))
25 X=0.6108 * (EXP((17.269 * G)/(G+237.3)))
```

```
26 Y=5240000 * (X−E)/((7700+K+(.92 * N)) * (G+237.3))
27 U=Y * ((7700+k+(.92 * N))/(K+(.92 * N)))
28 V=0.42 * (M−58)
29 IF V>0 GOTO 310
30 V=0
31 Y=Y+V
32 IF Y<U GOTO 340
33 Y=U
34 S=(R+((1−F) * M))−(Y+Q+0)
35 PRINT "BUDGET="; S
36 END
```

Python 代码

```
1 M=float (input("Metabolism (W/m2)="))
2 T=float (input("Air Temperature (C)="))
3 W=float (input("Wind speed (m/s)="))
4 C=float (input("Insulation value of clothing (s/m)="))
5 P=float (input("Permeability of clothing="))
6 H=float (input("Relative Humidity (%)="))
7 R=float (input("R(abs) in (W/m2)="))
8 H/=100
9 B=(−0.1 * M) +65
10 E=(0.6108 * (2.71828 * * ((17.269 * T)/(T+237.3))))
11 F=(0.15−(0.0173 * E)−(0.0014 * T))
12 J=36.4+((0.0043) * M)
13 G=J−(((1−F) * B * M)/1200)
14 X=11333 * W
15 if X<4000:
16 Y=0.683
```

```
17 Z=0.466
18 elif X<40000:
19 Y=0.193
20 Z=0.618
21 else:
22 Y=0.0266
23 Z=0.805
24 N=204/(.0214*Y*(X**Z))
25 K=C*(1-(0.05*(W**.5))*(P**.4))
26 Q=1200*((G-T)/(N+K))
27 X=T+(N*((G-T)/(N+K)))
28 O=0.8*((.95*5.67E-08)*((X+273)**4))
29 X=0.6108*(2.71828**((17.269*G)/(G+237.3)))
30 Y=5240000*(X-E)/((7700+K+(.92*N))*(G+237.3))
31 U=Y*((7700+k+(.92*N))/(K+(.92*N)))
32 V=0.42*(M-58)
33 if V>0:
34 V=0
35 Y=Y+V
36 if Y<U:
37 Y=U
38 S=(R+((1-F)*M))-(Y+Q+0)
39 print("BUDGET=", S)
```

将代码保存到文件名为 COMFA. py 的文件中，然后在命令行中运行以下命令：

```
python COMFA.py
```

这将运行脚本并提示诸位输入所需的输入值。输入值后，脚本将输出基于输入计算出的 BUDGET 值。

附录 B

B.1 通过气象站数据估算辐射能量——R_{abs}

我们可以通过模型分别描述人体接收的太阳辐射和大地辐射能量总和——R_{abs}。人体在任何环境中接收的总辐射能量包括两个部分:吸收的总太阳辐射能量——K_{abs},加上吸收的大地辐射能量——L_{abs},即

$$R_{abs}=K_{abs}+L_{abs}$$

我们通常将景观中的人体比喻为球形范围内的垂直圆柱体(图 B-1)。球体的上半部分通常代表天空和高于地面的物体,而下半部分则代表地面和地面上的物体。

太阳辐射模型

人体吸收的太阳辐射能量可通过对接收的所有太阳辐射源求和来估算,包括透过树冠照射到人体的太阳辐射 T;接收的来自天空的漫辐射 D;来自天空半球中的树木或其他物体的散射辐射 S;以及由地面反射的辐射 R(图 B-2)。以上总和乘以(1-反照率),就可以确定人体吸收的太阳辐射总量:

$$K_{abs}=(T+D+S+R)(1-A)$$

其中,A 为反照率,典型人体的反照率值范围从 0.35(欧亚混血)到 0.18(黑人)。然而,人体所吸收的辐射总量更多地取决于服装的反照率,而不是人体皮肤。正如诸多学者在文献中

建议的，在模型中我们常使用 0.37 作为一个人体身着服装的经典反照率。

该方程的每个组成部分可由如下公式进行估算：

a. 在太阳辐射透射率 t 的树冠下，通过以下步骤可以估算人接收的直接太阳辐射 T：(1) 从附近气象站获取无遮挡情况下的太阳辐射 K，然后减去漫反射太阳辐射 K_d，获得达到树顶的直接太阳辐射；(2) 将该值除以太阳仰角的正切值，再除以 π，即可估算出垂直圆柱体接收到的辐射量；(3) 最后，乘以人体上方遮挡物透射率 t，即

$$T=t\{[(K-K_d)\ \tan e]/\pi\}$$

在非常晴朗的天气下漫反射辐射 K_d 约为 K 的 10%。

b. 人体接收到的漫反射的部分 D，将天空释放的漫反射辐射量 K_d 乘以没有被树木或其他物体遮挡的半球比例，即天空可视因子(Sky View Factor, SVF)，就可以估算人在晴朗的天气下接收的漫射辐射量 D，即

$$D=K_d \cdot \mathrm{SVF}=0.1K \cdot \mathrm{SVF}$$

c. 另外一些漫反射辐射 S，即从天空半球中的物体反射到人体上的漫反射辐射能量。这部分可以通过将物体遮挡的天空比例(1−SVF)乘以天空释放的漫反射辐射 K_d 来估算，然后将该值乘以天空半球中的物体的反照率 A_o，即

$$S=[K_d(1-\mathrm{SVF})]A_o$$

d. 从地面反射到人体身上的太阳辐射 R，可以通过将 K 乘以透射率来估算。

图 B-1

圆圈表示景观场地中人体热舒适影响范围，将人体比喻成垂直圆柱体。

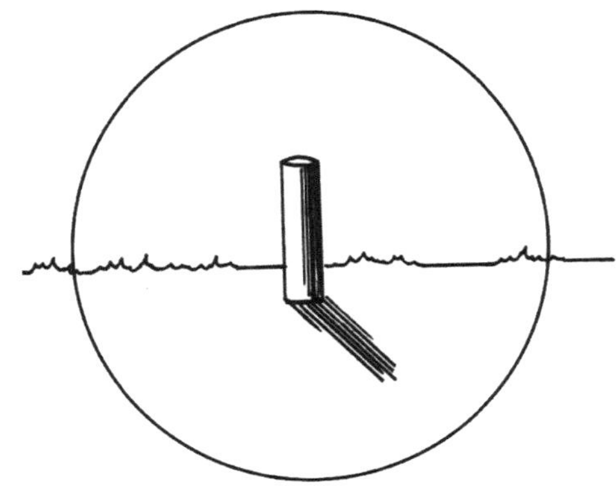

图 B-2

此图为太阳辐射从天空到人体的传播模拟路径。*R* 为从地面反射到人体的太阳辐射，*T* 为透射过树冠的太阳辐射，*D* 为来自天空的漫反射辐射，*S* 为场地中其他物体至人体的反射辐射。

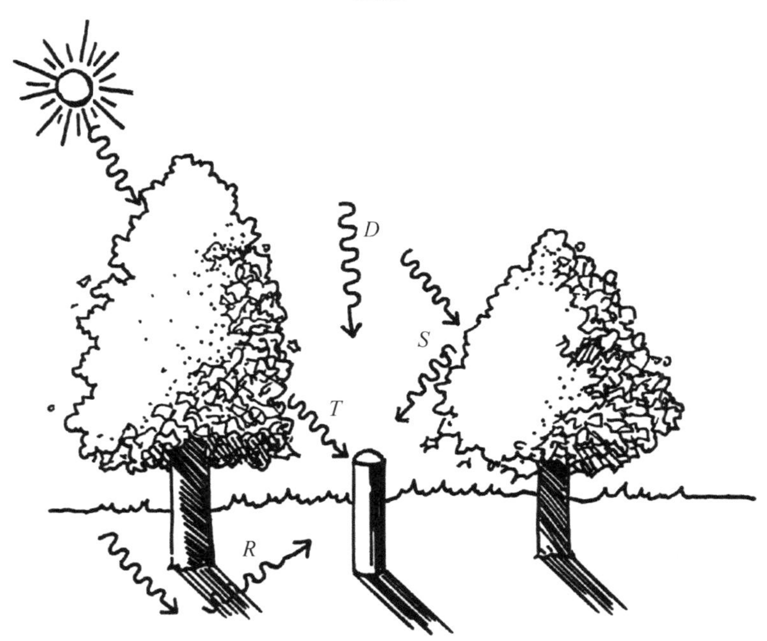

t 为人体以外物体反射到人体的辐射量，将该值乘以地面的反照率 A_g，即

$$R=t\cdot K\cdot A_g$$

t 值的范围一般从 0.15（云杉）到 0.75（柳树）。地面的反照率通常为 0.09。

人体接收的大地辐射的计算方式与太阳辐射类似。也就是说，作为球体中的圆柱体受球体的每个部分的影响都是一样的（图 B-3）。

人体从天空半球接收到的大地辐射，即天空自身释放的大地辐射 V，加上来自天空半球中的物体所释放的大地辐射 F。从地面接收到的大地辐射可以简化为来自地面的辐射 G。结果之和乘以人体的辐射率 E，大约为 0.98，将天空半球以及地面半球的系数设为 0.5，即

$$L_{\text{abs}}=[0.5(V+F)+0.5G]E$$

上一方程的组成部分可以通过以下方程进一步估算：

a. 人体所接受的天空释放的大地辐射 V，等于天空释放的大地辐射总量 L 乘以天空可视因子 SVF，即

$$V=L\cdot \text{SVF}$$

L 值的计算基于 T_a 来估算[T_a 为开尔文值，即空气温度(℃)+273.15]，即

图 B-3

从环境到人体的大地辐射传播模拟路径，其中 V 为来自天空的大地辐射，G 为来自地面的大地辐射，F 为来自周围其他物体的大地辐射。

$$L=1.2\times(5.67\times10^{-8})E\cdot T_a^4-171$$

b. 从天空半球物体接收到的辐射可根据每个物体的温度 T_a 估算,即

$$F=[(5.67\times10^{-8})E\cdot T_a^4](1-SVF)$$

我们通常可以用空气温度来代替天空半球物体的温度。

c. 人体接收来自地面的大地辐射 G,可以通过地面温度 T_g 来估算,即

$$G=(5.67\times10^{-8})E\cdot T_g^4$$

下面是运用 BASIC 和 Python 语言编写的 COMFA 模型完整代码,诸位可以使用这些代码计算不同小气候下的人体所接收的辐射。

BASIC 代码

```
1 INPUT "Air Temperature (C)="; T: TK=T+273.15
2 INPUT "Measured Solar Radiation in the Open
(W/m2)="; SWO
3 INPUT "Solar Elevation="; EL
4 INPUT "Diffuse as % of Measured Solar
Radiation="; DIFFP
5 REM A safe estimate is 10% for very clear skies
6 INPUT "Transmissivity of object(s) between
person and sun (%)="; SR
7 REM For no obstruction use SR=100; for a building use SR=0
8 SR=SR/100
9 INPUT "Albedo of object(s) in the sky hemisphere (%)":
ALBO
10 ALB0=ALB0/100
11 INPUT "Albedo of ground (%)"; ALBGRND
```

```
12 ALBGRND=ALBGRND/100
13 INPUT "Albedo of test person (%)"; ALBP
14 REM We typically use 37% for a clothed person
15 INPUT "Sky View Factor (%)"; SVF
16 SVF=SVF/100
17 DIFFS-DIFFP * SWO/100: DIFFD=DIFEP/100
18 RAD=0.017453293
19 EERAD=EL * RAD
20 EONGS=(1.2 * (5.67E-08 * (TK^4)))-171
21 SWPLT=((1-DIFFD) * SW0)/(TAN(ELRAD))
22 SWCYL=SWPLT/3.141592654
23 TOTAL=.98 * (5.67E-08 * (TK^4)) * (1-SVF)
24 REFL=SW0 * SR * AEBGRND
25 LGRD=.98 * (5.67E-08 * (TK^4))
26 LABS=(((T0TAL+(SVF * LONGS)) * .5)+(LGRD * .5))
* .98
27 KABS=((SWCYF * SR)+(SVF * D1FFS)+DIFFS * (1-SVF) *
ALB0) +(REFF)) * (1-ALBP)
28 RABS=(KABS+LABS)
29 PRINT "Solar radiation absorbed by a person (W/m2)
=": KABS
30 PRINT "Terrestrial radiation absorbed by a person (W/m2)
="; LABS
31 PRINT "Radiation absorbed by a person (R(abs)) {W/m2)
="; RABS
32 END
```

Python 代码

```
1 T=float(input(" Air Temperature (C)="))
```

```
2 TK =T+273. 15
3 SWO =float(input(" Measured Solar Radiation in the Open (W/
m2) =" ))
4 EL =float(input(" Solar Elevation =" ))
5 DIFFP =float(input(" Diffuse as % of Measured Solar Radiation
=" ))
# A safe estimate is 10% for very clear skies
6 SR =float ( input ( " Transmissivity of object ( s ) between person
and sun (%) =" ))/100
# For no obstruction use SR=100; for a building use SR=0
7 ALBO =float(input(" Albedo of object(s) in the sky hemisphere
(%) =" ))/100
8 ALBGRND =float(input(" Albedo of ground (%) =" ))/100
9 ALBP =float(input(" Albedo of test person (%) =" ))
# We typically use 37% for a clothed person
10 SVF =float(input(" Sky View Factor (%) =" ))/100
11 DIFFS =DIFFP-(DIFFP * SWO/100)
12 DIFFD =DIFFS/100
13 RAD =0. 017453293
14 EERAD =EL * RAD
15 EONGS =(1. 2 * (5. 67E-08 * (TK * * 4)))-171
16 SWPLT =((1-DIFFD) * SWO)/(math. tan(EERAD))
17 SWCYL =SWPLT/3. 141592654
18 TOTAL =. 98 * (5. 67E-08 * (TK * * 4)) * (1-SVF)
19 REFL =SWO * SR * ALBGRND
20 LGRD =. 98 * (5. 67E-08 * (TK * * 4))
21 LABS = (((TOTAL + (SVF * EONGS)) * . 5) + (LGRD *
0. 5)) * . 98
22 KABS =((SWCYL * SR)+(SVF * DIFFS+DIFFS * (1-SVF)
```

```
* ALBO)+REFL) * (1-ALBP)
23 RABS=KABS+LABS
24 print(" Solar radiation absorbed by a person (W/m2)=",
KABS)
25 print(" Terrestrial radiation absorbed by a person (W/m2)
=", LABS)
26 print(" Radiation absorbed by a person (R(abs)) {W/m2)
=", RABS)
```

B.2 在没有小气候数据时估算辐射能量

我们虽然可使用类似于附录 B.1 中的方法来估算距离气象站附近一定距离的人体 R_{abs} 值，但在实际操作中一般基于一些全局辐射模型进行估算。想要获得精确的辐射值通常很难且成本很高，而测量空气温度值却更为容易且成本更低。

这种方法需要先估算 K，然后将 K 值代入附录 B.1 中描述的模型。K 的估算方法如下：

a. 从太阳辐射恒定值开始，$C=1\,360\ \mathrm{W/m^2}$，这是地球从太阳接收到的几乎恒定的辐射量。

b. 大气层顶部的太阳辐射 K_t，可以通过将太阳常数乘以太阳仰角 e 的正弦值，然后再乘以地球到太阳的平均距离 d 的平方来确定，然后再除以地球到太阳的瞬时距离 d_i。如果诸位位于接近于春分点附近，则可以合理地假设 $d/d_i=1$，此时，$K_t=C\sin e$。但如果在其他时间，则需要计算实际值。

c. K_t 在到达地球表面之前会因大气层而降低。在晴天，一些辐射会被干燥的空气分子、灰尘以及水蒸气反射 A_r，还有一些会被吸收 A_a。晴天时，A_r 约为 6%，A_a 约为 17%，这意味着 K_t 到达表面时已减少了 23%，因此 $K=0.77K_t$。这种估算方法无需进行测量即可获得精度较好的辐射估值。

B.3 通过一个易组装的辐射温度计估算辐射

我们设计了一款易组装的仪器可让任何人都能测量人体在户外环境中接受的辐射量。这个“辐射温度计”,我们亲切地称为“littleman”(“小伙儿”,见图 B-4)。它是一个棕褐色的高11.0 cm、直径1.3 cm的铝制圆柱体,顶部装有一个温度计。圆柱体类似于站立的人体,并且其颜色(Munsell 7.5 YR 7/3)的反照率(37%)与一般穿着者的相似,因此其吸收的太阳辐射和大地辐射量也与景观场地中的人体相似。

“小伙儿”中间放置了一只玻璃水银温度计并使其头部位于下方约一半的位置,同时通过“导热胶”来实现快速响应。然后,运用一个用反射材料覆盖其一半的无环管以保护和屏蔽温度计免受辐射干扰。只需将“小伙儿”悬挂在景观场地中靠近胸部的高度,然后等待温度计温度达到平衡,但诸位必须同时测量另外两个参数:空气温度和风速。最后,诸位可使用以下方程式确定在任何环境下人体吸收的辐射量。

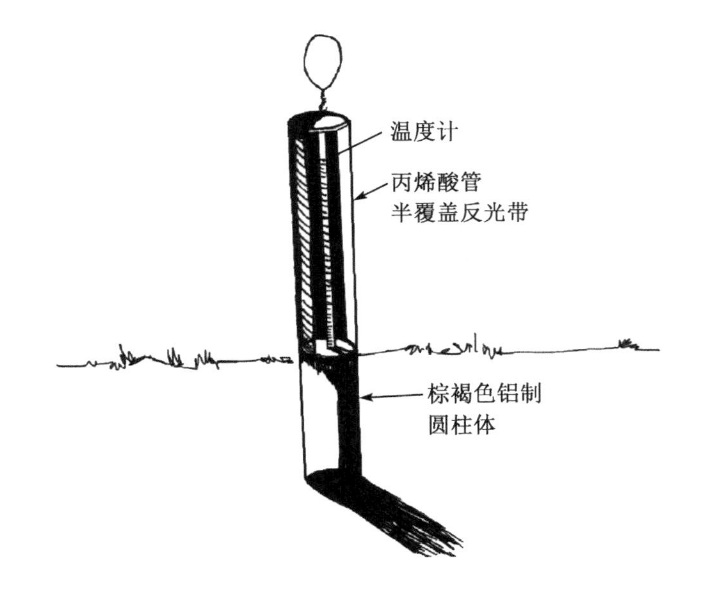

图 B-4 辐射温度计“小伙儿”

$$R_{abs} = [5.67 \times 10^{-8}(T_e + 273)^4] + [1\,200(T_e - T_a)/r_m]$$

其中：$r_m = D/\{ARe^n Pr^{0.33}k\}$；$Re$ 为雷诺数，$Re = WD/\nu = 833W$（在这个例子中）；Pr 为普朗特数 = 0.71；D 为筒径；W 为风速（m/s）；ν 为运动黏度；k 为空气的热扩散系数，$k = 0.030\,1$，A 和 n 是通过实验从圆柱体传热得出的经验常数。

当 $Re<4\,000$ 时，$A = 0.683$，$n = 0.466$；

如果 Re 在 4 000～40 000，则 $A = 0.193$，$n = 0.618$；

如果 $Re>40\,000$，则 $A = 0.026\,6$，$n = 0.805$。

计算完这些方程后，诸位将获得 R_{abs} 的值。将其代入 COMFA 方程中确定人体的热舒适度。

以下代码为上述方程的 BASIC 以及 Python 程序代码：

BASIC：

```
1 INPUT "Air Temperature (C)="; T
2 INPUT "Wind Speed (m/s)="; W
3 INPUT "Temperature of Radiation Thermometer (C)="; A
4 L=(((273+A)^4)*.95)*5.67E-08
5 X=833W
6 IF X<4000 GOTO 9
7 IF X<40000 GOTO 10
8 Y=0.0266: Z=0.805: GOTO 11
9 Y=0.683: Z=0.466: GOTO 11
10 Y=0.193: Z=0.618
11 I=15/( 0.0214*Y*(X^Z) )
12 D=(1200*(A-T))/I
13 RABS=(D+L)*0.8
```

Python

```
1 T=float (input(" Air Temperature (C)="))
```

```
2 W=float (input(" Wind Speed (m/s)=" ))
3 A=float (input(" Temperature of Radiation Thermometer (C)
=" ))
4 L=(((273+A) ** 4) * 0.95) * 5.67E-08
5 X=833 * W
6 if X <4000:
7 Y=0.683
8 Z=0.466
9 else if X <40000:
10 Y=0.0266
11 Z=0.805
12 else:
13 Y=0.193
14 Z=0.618
15 I=15/(0.0214 * Y * (X ** Z))
16 D=(1200 * (A-T))/I
17 RABS=(D+L) * 0.84
18 Print (" Radiation absorbed by a person (R(abs)) {W/m2)
=", RABS)
```

B.4 估算树下的环境辐射

人体在景观场地树冠下接收到的辐射量可以通过 B.1 节的方程进行估算,但准确的估算值还必须考虑另一部分。诸位可能还记得一定量的不可见近红外太阳辐射会透射过树叶到达人体,但这一部分目前尚未纳入计算。

我们通过以下步骤可计算出该部分能量:

1. 将夏季树冠密度减去冬季时的密度。例如,如果在冬天通过鱼眼相机测得树冠密度为 45%(大部分由树枝和树枝产生),而夏天时则为 75%,两者间 30% 的差值由树叶造成。

2. 将该差值乘以到达树冠的太阳辐射量，然后再乘以 50% 以获得到达树冠的近红外太阳辐射量，继续乘以 40% 得到预计将穿透树叶到达人体的近红外辐射。

3. 将第 2 步中计算出的结果加上到达人体的太阳辐射量就是总辐射能量，其中部分能量会被人体用来提高体温。

在某些情况下，这部分额外的近红外辐射量能将人体接收的太阳辐射总量从 23% 提高至 38%，特别是在晴天时表现得非常明显。

附录 C　估算景观场地中的风

C. 1　利用附近气象站测量数据估算开敞空间风环境

从气象站获取的风速是离地 10 m 高处的数据。如果已知在均质地表上方某高度的风速，我们可使用对数风廓线函数估算在近地表任意高度的风速，即

$$W(z)=U_{10}\{[\ln(z/z_{os})]/(\ln 10/z_{ow})\}$$

其中：z 为目标高度；U_{10}为 10 m 处的风速（气象站风速数据）；z_{os}为基于场地植被高度的常数（z_{os}=0. 13×植被高度）；z_{ow}=0. 13×气象站植被的高度，一般认为后者为 0. 1 m，即 0. 13×0. 1 m=0. 013。

例如我们通常需要知道地面上方 1. 5 m 处的风速，方程为：

$$W_{1.5}=U_{10}\{[\ln(1.5/z_{os})]/6.65\}$$

C. 2　估算在已知孔隙度的防风林后面的风速

一旦得到离地 1. 5 m 处的风速，即可以假设这就是达到防风林前方的空气自由流速度。假设防风林前方的风速为 3 m/s，则只需将该值乘以图 7-3 或 7-4 中满风百分比即可。如果诸位对风量标记为 50%全风的区域感兴趣，则可将此区域的风速估算为 1. 5 m/s，然后进一步利用该值估算人体热舒适。

C.3 估算密林区域的风速

如果诸位计算的区域位于密林区域,则可使用类似图 7-6 的数据。另外一种方式是利用下列方程式结合附近气象站的风速数据估算树冠内的风速,该过程包含两个步骤。

步骤 1:利用以下公式来估算位于树冠高度 20%或更高处的风速,即

$$W_Z = W_{CT}[3\ (1-(z/CT)]^{-2},$$

其中:z 表示目标高度;CT 是树冠顶部的高度。

步骤 2:从树冠高度 20%处到地面的风速可通过以下公式计算,即

$$W_Z = W_{CT}/5[\ln(z/z_o)/\ln(CT/5z_o)]$$

其中:z_o 通常约为 0.05 m。

有关小气候的多主题延展阅读

书籍

小气候物理方面相关书籍

[1] 贺庆棠. 气象学[M]. 2 版. 北京:中国林业出版社,1988.

[2] 吉野正敏. 局地气候原理[M]. 郭可展,李师融,温明,等译. 南宁:广西科学技术出版社,1989.

[3] 傅抱璞,翁笃鸣,虞静明,等. 小气候学[M]. 北京:气象出版社,1994.

[4] 徐祥德,汤绪. 城市化环境气象学引论[M]. 北京:气象出版社,2002.

[5] 柳孝图. 建筑物理[M]. 3 版. 北京:中国建筑工业出版社,2010.

[6] AHRENS C D. Meteorology today: an introduction to weather, climate, and the environment[M]. 5th ed. St Paul: West Publishing Company, 1994.

[7] GEIGER R. The climate near the ground[M]. Cambridge: Harvard University Press, 1965.

[8] LOWRY W P. Atmospheric ecology for designers and planners[M]. Oregon: Peavine Publications, 1988.

[9] MCPHERSON E G. Energy-conserving site design[M]. Washington DC: American Society of Landscape Architects, 1984.

[10] SELLERS W D. Physical climatology [M]. Chicago: The University of Chicago Press, 1965.

[11] ERELL E, PEARLMUTTER D, WILLIAMSON T. Urban microclimate [M]. London: Routledge, 2010.

[12] BROWN R D. Design with microclimate: the secret to comfortable outdoor spaces [M]. Washington: Island Press, 2010.

[13] GLICKMAN T S. Glossary of meteorology [M]. 2nd ed. Boston:

American Meteorological Society, 2000.

小气候生理方面相关书籍

[1] 刘士豪. 塞里应激学说概要[M]. 上海:上海科学技术出版社,1963.
[2] 王玢,左明雪. 人体及动物生理学[M]. 2 版. 北京:高等教育出版社,2001.
[3] 朱大年,王庭槐. 生理学[M]. 8 版. 北京:人民卫生出版社,2013.
[4] REEVE E B, GUYTON A C. Physical bases of circulatory transport: regulation and exchange[M]. Philadelphia: Saunders, 1967.
[5] WALDMAN S D. Pain review[M]. Philadelphia: Saunders, 2009.
[6] CABANAC M. Pleasure and joy, and their role in human life[M]. Florida: CRC Press, 1999.
[7] HENSEL H, SCHAFER K. Thermoreception and temperature regulation in man[M]// RING E F J, PHILLIPS B. Recent advances in medical thermology. New York: Plenum Press, 1984.
[8] Textbook Equity College. Anatomy and Physiology[M]. Raleigh: Lulu com, 2014.
[9] HENSEL H. Thermoreception and temperature regulation[M]. New York: Academic Press, 1981.
[10] PARSONS K C. Human thermal environments: the effects of hot, moderate, and cold environments on human health, comfort, and performance [M]. 3rd ed. Boca Raton: Taylor & Francis Group, 2014.
[11] MATHIAS C J, BANNISTER R. Autonomic failure: a textbook of clinical disorders of the autonomic nervous system[M]. Oxford: Oxford University Press, 2013.
[12] Alex. Galvanic skin response, trends and applications[M]. Copenhagen: iMotions, 2012.
[13] CACIOPPO J T, TASSINARY L G, BERNTSON G. Handbook of psychophysiology [M]. 3rd ed. Cambridge: Cambridge University Press, 2007.
[14] LEVICK J R. An introduction to cardiovascular physiology[M]. Oxford: Butterworth-Heinemann, 2013.

[15] NIEDERMEYER E, dA SILVA F L. Electroencephalography: basic principles, clinical applications, and related fields[M]. 5th ed. Philadelphia: Lippincott Williams & Wilkins, 2005.

[16] NUNEZ P L, SRINIVASAN R. Electric fields of the brain: the neurophysics of EEG[M]. 2nd ed. New York: Oxford University Press, 2006.

[17] KLEIN S B, THORNE B M. Biological psychology[M]. London: Macmillan, 2006.

[18] HEILMAN K M. Matter of mind: a neurologist's view of brain-behavior relationships[M]. Oxford: Oxford University Press, 2002.

小气候与景观场地设计相关书籍

[1] 杨鑫,段佳佳. 微气候适应性城市:北京城市街区绿地格局优化方法[M]. 北京:中国建筑工业出版社,2018.

[2] 陆明,侯拓宇. 严寒地区城市公共服务区微气候调节方法及环境优化策略[M]. 北京:科学出版社,2019.

[3] 陈睿智. 微气候导向下的户外休憩景观研究[M]. 北京:中国社会科学出版社,2021.

[4] 陈宏,韩梦涛. 街区空间微气候营造策略[M]. 武汉:华中科技大学出版社,2021.

[5] 彭翀,李月雯,明廷臻,等. 面向微气候韧性的城市设计[M]. 北京:科学出版社,2022.

[6] 陈宏. 街区室外微气候优化设计方法开发与应用[M]. 武汉:华中科技大学出版社,2021.

[7] 薛思寒,王琨. 岭南庭园微气候与空间布局[M]. 北京:化学工业出版社,2022.

[8] 金虹,康健,刘哲铭,等. 严寒地区城市住区微气候调节设计:以哈尔滨为例[M]. 北京:科学出版社,2019.

[9] 金虹,黄锰,金雨蒙,等. 严寒地区城市形态要素与微气候调节[M]. 哈尔滨:哈尔滨工业大学出版社,2022.

[10] 袁青,冷红,梁帅. 严寒地区城市住区公共空间微气候优化策略研究[M]. 北京:科学出版社,2019.

[11] 赵晓龙,卞晴,赵冬琪,等. 基于微气候效应的寒地城市公园规划设计研究[M]. 北京:科学出版社,2019.

[12] 郭琳琳. 城市中心区街区形态与微气候的耦合机理与优化调控[M]. 武汉:华中科技大学出版社,2022.

[13] MARSH W M. Landscape planning environmental applications[M]. New York: John Wiley & Sons, Inc., 1991.

[14] 西蒙兹,斯塔克. 景观设计学:场地规划与设计手册[M]. 朱强,俞孔坚,王志强,等译. 北京:中国建筑工业出版社,2009.

[15] LYNCH K. Good city form[M]. Cambridge, Mass: MIT Press, 1984.

[16] MOUGHTIN C. Urban design: street and square[M]. 3rd ed. Amsterdam: Architectural Press, 2003.

[17] CARMONA M, HEATH T, TIESDELL S, et al. Public places, urban spaces: the dimensions of urban design[M]. 2nd ed. London: Routledge, 2010.

数据统计相关书籍

[1] 李航. 统计学习方法[M]. 北京:清华大学出版社,2012.

[2] 戴红,常子冠,于宁. 数据挖掘导论[M]. 北京:清华大学出版社,2015.

论文

小气候物理/心理方面相关论文

[1] 赵荣义. 关于“热舒适”的讨论[J]. 暖通空调,2000,30(3):25-26.

[2] 宋凌,林波荣,朱颖心. 安徽传统民居夏季室内热环境模拟[J]. 清华大学学报(自然科学版),2003,43(6):826-828,843.

[3] 刘蔚巍. 人体热舒适客观评价指标研究[D]. 上海:上海交通大学,2007.

[4] 高凯,秦俊,宋坤,等. 城市居住区绿地斑块的降温效应及影响因素分析[J]. 植物资源与环境学报,2009,18(3):50-55.

[5] 陈睿智,董靓. 国外微气候舒适度研究简述及启示[J]. 中国园林,2009,25(11):81-83.

[6] 闫海燕. 基于地域气候的适应性热舒适研究[D]. 西安:西安建筑科技大学,2013.

[7] 董芦笛,李孟柯,樊亚妮.基于“生物气候场效应”的城市户外生活空间气候适应性设计方法[J].中国园林,2014,30(12):23-26.

[8] 刘滨谊,张德顺,张琳,等.上海城市开敞空间小气候适应性设计基础调查研究[J].中国园林,2014,30(12):17-22.

[9] 张伟.居住小区绿地布局对微气候影响的模拟研究[D].南京:南京大学,2015.

[10] 陈睿智,董靓.基于游憩行为的湿热地区景区夏季微气候舒适度阈值研究:以成都杜甫草堂为例[J].风景园林,2015(6):55-59.

[11] 朱颖心.热舒适的“度”,多少算合适?[J].世界环境,2016(5):26-29.

[12] 刘滨谊,梅欹,匡纬.上海城市居住区风景园林空间小气候要素与人群行为关系测析[J].中国园林,2016,32(1):5-9.

[13] 王冠.气流微循环影响下的西安城市广场和街道空间小气候分析研究[D].西安:西安建筑科技大学,2016.

[14] 金雨蒙,康健,金虹.哈尔滨旧城住区街道冬季热环境实测研究[J].建筑科学,2016,32(10):34-38,79.

[15] 王晶懋,刘晖,梁闯,等.校园绿地植被结构与温湿效应的关系[J].西安建筑科技大学学报(自然科学版),2017,49(5):708-713.

[16] 梅欹,刘滨谊.上海住区风景园林空间冬季微气候感受分析[J].中国园林,2017,33(4):12-17.

[17] 刘滨谊,魏冬雪,李凌舒.上海国歌广场热舒适研究[J].中国园林,2017,33(4):5-11.

[18] 张德顺,王振.高密度地区广场冠层小气候效应及人体热舒适度研究:以上海创智天地广场为例[J].中国园林,2017,33(4):18-22.

[19] 陈睿智,韩君伟.湿热气候区城市露天开放性空间景观要素对微气候舒适度的影响研究[J].城市建筑,2017(1):39-42.

[20] 刘滨谊,彭旭路.悬铃木行道树夏季垂直降温效应测析[J].中国城市林业,2018,16(5):11-16.

[21] 金虹,吕环宇,林玉洁.植被结构对严寒地区城市居住区冬夏微气候的影响研究[J].风景园林,2018,25(10):12-15.

[22] 王睿智.太阳辐射作用下西安城市广场热环境实态分析研究[D].西

安:西安建筑科技大学,2018.

[23] 马椿栋,刘滨谊. 地形对风景园林广场类环境夏季小气候热舒适感受的影响比较:以上海世纪广场和辰山植物园为例[C]//中国风景园林学会. 中国风景园林学会 2018 年会论文集. 北京:中国建筑工业出版社,2018:6.

[24] 魏冬雪,刘滨谊. 上海创智天地广场热舒适分析与评价[J]. 中国园林,2018,34(2):5-12.

[25] 张德顺,王振. 天穹扇区对夏季广场小气候及人体热舒适度的影响[J]. 风景园林,2018,25(10):27-31.

[26] 吕鸣杨,金荷仙,王亚男. 国内水体小气候研究现状及展望[J]. 现代园艺,2019(13):22-24.

[27] 吕鸣杨,金荷仙,王亚男. 城市公园小型水体夏季小气候效应实测分析:以杭州太子湾公园为例[J]. 中国城市林业,2019,17(4):18-24.

[28] 刘滨谊,彭旭路. 上海南京东路热舒适分析与评价[J]. 风景园林,2019,26(4):83-88.

[29] 陈睿智. 城市公园景观要素的微气候相关性分析[J]. 风景园林,2020,27(7):94-99.

[30] 刘大龙,马岚,刘加平. 城市下垫面对夏季微气候影响的测试研究[J]. 西安建筑科技大学学报(自然科学版),2020,52(1):107-112.

[31] BROWN R D, GILLESPIE T J. Estimating outdoor thermal comfort using a cylindrical radiation thermometer and an energy budget model[J]. International Journal of Biometeorology, 1986, 30(1): 43-52.

[32] MATZARAKIS A, MAYER H, IZIOMON M G. Applications of a universal thermal index: physiological equivalent temperature[J]. International Journal of Biometeorology, 1999, 43(2): 76-84.

[33] PEARLMUTTER D, BITAN A, BERLINER P. Microclimatic analysis of "compact" urban canyons in an arid zone[J]. Atmospheric Environment, 1999, 33(24/25): 4143-4150.

[34] NIKOLOPOULOU M, BAKER N, STEEMERS K. Thermal comfort in outdoor urban spaces: understanding the human parameter[J]. Solar Energy, 2001, 70(3): 227-235.

[35] THORSSON S, LINDQVIST M, LINDQVIST S. Thermal bioclimatic conditions and patterns of behaviour in an urban park in Göteborg, Sweden[J]. International Journal of Biometeorology, 2004, 48(3): 149-156.

[36] Thermal environmental conditions for human occupancy: ANSI/ASHRAE Standard 55-2004[S]. Atlanta: American Society of Heating, Refrigerating and Air-Conditioning Engineers, 2004.

[37] DE D R. Thermal comfort in practice[J]. Indoor Air, 2004, 14(Suppl 7): 32-39.

[38] NIKOLOPOULOU M, LYKOUDIS S. Thermal comfort in outdoor urban spaces: analysis across different European countries[J]. Building and Environment, 2006, 41(11): 1455-1470.

[39] MAKHELOUF A. The role of parklands in improving urban microclimates to combat pollution[J]. Journal of Asian Architecture and Building Engineering, 2008, 7(2): 439-444.

[40] KNEZ I, THORSSON S. Thermal, emotional and perceptual evaluations of a park: cross-cultural and environmental attitude comparisons[J]. Building and Environment, 2008, 43(9): 1483-1490.

[41] LIN T P. Thermal perception, adaptation and attendance in a public square in hot and humid regions[J]. Building and Environment, 2009, 44(10): 2017-2026.

[42] LENZHOLZER S, KOH J. Immersed in microclimatic space: microclimate experience and perception of spatial configurations in Dutch squares[J]. Landscape and Urban Planning, 2009, 95(1):1-15.

[43] KNEZ I, THORSSON S, ELIASSON I, et al. Psychological mechanisms in outdoor place and weather assessment: towards a conceptual model[J]. International Journal of Biometeorology, 2009, 53(1): 101-111.

[44] LENZHOLZER S. Engrained experience: a comparison of microclimate perception schemata and microclimate measurements in Dutch urban squares[J]. International Journal of Biometeorology, 2010, 54(2): 141-150.

[45] MAHMOUD A H A. Analysis of the microclimatic and human comfort

conditions in an urban park in hot and arid regions[J]. Building and Environment, 2011, 46(12): 2641-2656.

[46] KRÜGER E L, ROSSI F A. Effect of personal and microclimatic variables on observed thermal sensation from a field study in southern Brazil [J]. Building and Environment, 2011, 46(3): 690-697.

[47] LIN T P, DE DEAR R, HWANG R L. Effect of thermal adaptation on seasonal outdoor thermal comfort[J]. International Journal of Climatology, 2011, 31(2): 302-312.

[48] LIN T P, TSAI K T, HWANG R L, et al. Quantification of the effect of thermal indices and sky view factor on park attendance[J]. Landscape and Urban Planning, 2012, 107(2): 137-146.

[49] ARMSON D, STRINGER P, ENNOS A R. The effect of tree shade and grass on surface and globe temperatures in an urban area[J]. Urban Forestry & Urban Greening, 2012, 11(3): 245-255.

[50] COHEN P, POTCHTER O, MATZARAKIS A. Daily and seasonal climatic conditions of green urban open spaces in the Mediterranean climate and their impact on human comfort[J]. Building and Environment, 2011, 51: 285-295.

[51] NASIR R A, AHMAD S S, AHMED A Z. Psychological adaptation of outdoor thermal comfort in shaded green spaces in Malaysia[J]. Procedia-Social and Behavioral Sciences, 2012, 68: 865-878.

[52] VAILSHERY L S, JAGANMOHAN M, NAGENDRA H. Effect of street trees on microclimate and air pollution in a tropical city[J]. Urban Forestry & Urban Greening, 2013, 12(3): 408-415.

[53] VIDRIH B, MEDVED S. Multiparametric model of urban park cooling island[J]. Urban Forestry & Urban Greening, 2013, 12(2): 220-229.

[54] CHANG C R, LI M H. Effects of urban parks on the local urban thermal environment[J]. Urban Forestry & Urban Greening, 2014, 13(4): 672-681.

[55] LUO M H, CAO B, ZHOU X, et al. Can personal control influence human thermal comfort? A field study in residential buildings in China in

winter[J]. Energy and Buildings, 2014, 72: 411-418.

[56] LAI D Y, GUO D H, HOU Y F, et al. Studies of outdoor thermal comfort in northern China[J]. Building and Environment, 2014, 77: 110-118.

[57] TUNG C H, CHEN C P, TSAI K T, et al. Outdoor thermal comfort characteristics in the hot and humid region from a gender perspective [J]. International Journal of Biometeorology, 2014, 58(9): 1927-1939.

[58] HWANG Y H, LUM Q J G, CHAN Y K D. Micro-scale thermal performance of tropical urban parks in Singapore[J]. Building and Environment, 2015, 94: 467-476.

[59] QAID A, OSSEN D R. Effect of asymmetrical street aspect ratios on microclimates in hot, humid regions [J]. International Journal of Biometeorology, 2015, 59(6): 657-677.

[60] CHEN L, WEN Y Y, ZHANG L, et al. Studies of thermal comfort and space use in an urban park square in cool and cold seasons in Shanghai [J]. Building and Environment, 2015, 94: 644-653.

[61] SALATA F, GOLASI I, VOLLARO E D L, et al. Evaluation of different urban microclimate mitigation strategies through a PMV analysis[J]. Sustainability, 2015, 7(7): 9012-9030.

[62] ALGECIRAS J A R, CONSUEGRA L G, MATZARAKIS A. Spatial-temporal study on the effects of urban street configurations on human thermal comfort in the world heritage city of Camagüey-Cuba[J]. Building and Environment, 2016, 101: 85-101.

[63] COUTTS A M, WHITE E C, TAPPER N J, et al. Temperature and human thermal comfort effects of street trees across three contrasting street canyon environments[J]. Theoretical and Applied Climatology, 2016, 124(1/2): 55-68.

[64] ACHOUR-YOUNSI S, KHARRAT F. Outdoor thermal comfort: impact of the geometry of an urban street canyon in a Mediterranean subtropical climate-case study Tunis, Tunisia[J]. Procedia-social and Behavioral Sciences, 2016, 216: 689-700.

[65] WU Z F, KONG F H, WANG Y N, et al. The impact of greenspace on

thermal comfort in a residential quarter of Beijing, China[J]. International Journal of Environmental Research and Public Health, 2016, 13(12): 1217.

[66] TSELIOU A, TSIROS I X, NIKOLOPOULOU M, et al. Outdoor thermal sensation in a Mediterranean climate (Athens): the effect of selected microclimatic parameters[J]. Architectural Science Review, 2016, 59(3): 190-202.

[67] dA SILVEIRA HIRASHIMA S Q, dE ASSIS E S, NIKOLOPOULOU M. Daytime thermal comfort in urban spaces: a field study in Brazil[J]. Building and Environment, 2016, 107: 245-253.

[68] KARIMINIA S, MOTAMEDI S, SHAMSHIRBAND S, et al. Adaptation of ANFIS model to assess thermal comfort of an urban square in moderate and dry climate[J]. Stochastic Environmental Research and Risk Assessment, 2016, 30(4): 1189-1203.

[69] LAI D Y, ZHOU X J, CHEN Q Y. Modelling dynamic thermal sensation of human subjects in outdoor environments[J]. Energy and Buildings, 2017, 149: 16-25.

[70] SCHWEIKER M, WAGNER A. Influences on the predictive performance of thermal sensation indices[J]. Building Research & Information, 2017, 45(7): 745-758.

[71] WANG Z, DEAR R, LUO M H, et al. Individual difference in thermal comfort: a literature review[J]. Building and Environment, 2018, 138: 181-193.

[72] LAM C K C, LAU K K. Effect of long-term acclimatization on summer thermal comfort in outdoor spaces: a comparative study between Melbourne and Hong Kong[J]. International Journal of Biometeorology, 2018, 62(7): 1311-1324.

[73] JOHANSSON E, YAHIA M W, ARROYO I, et al. Outdoor thermal comfort in public space in warm-humid Guayaquil, Ecuador[J]. International Journal of Biometeorology, 2018, 62(3): 387-399.

[74] LINDNER-CENDROWSKA K, BŁAŻEJCZYK K. Impact of selected

personal factors on seasonal variability of recreationist weather perceptions and preferences in Warsaw (Poland)[J]. International Journal of Biometeorology, 2018, 62(1): 113-125.

[75] PENG Y, FENG T, TIMMERMANS H. A path analysis of outdoor comfort in urban public spaces[J]. Building and Environment, 2019, 148: 459-467.

[76] LIAN Z F, LIU B Y, BROWN R D. Exploring the suitable assessment method and best performance of human energy budget models for outdoor thermal comfort in hot and humid climate Area[J]. Sustainable Cities and Society, 2020,63: 102423.

[77] GARRATT J R. Boundary layer climates[J]. Earth-science Reviews, 1990,27(3):265.

小气候生理方面相关论文

[1] 叶晓江,连之伟.夜间空调舒适温度初探[J].制冷学报,2000(2):36-40.

[2] 金英姿.动态热环境中人体热健康的探讨[J].黑龙江大学自然科学学报,2003(3):93-96.

[3] 李百战,吴婧,郑洁.基于生理:心理学的热舒适和热健康探讨[C]//四川省制冷学会,西南交通大学.2005西南地区暖通空调热能动力年会论文集.《制冷与空调》编辑会,2005:157-160.

[4] 李文杰,刘红,许孟楠.热环境与热健康的分类探讨[J].制冷与空调(四川),2009,23(2):17-20.

[5] 孙宇明.基于皮肤温度的人体热感觉特性实验研究[D].大连:大连理工大学,2009.

[6] 孙于萍.基于敏感参数的高温高湿环境人体生理响应研究[D].天津:天津大学,2013.

[7] 皇甫昊.室外热环境因素对人体热舒适的影响[D].长沙:中南大学,2014.

[8] 武锋,陆钊华,郑松发.基于情绪生理指标的红树林舒适度初步研究[J].湿地科学,2015,13(1):43-48.

[9] 李百战,杨旭,陈明清,等.室内环境热舒适与热健康客观评价的生

物实验研究[J].暖通空调,2016,46(5):94-100.

[10] 郭飞,郭廓,张鹤子.寒冷地区采暖季老年人热适应模型[J].低温建筑技术,2016,38(10):126-129.

[11] 刘滨谊,黄莹. 城市街道户外微气候人体热生理感应评价分析:以上海古北黄金城道步行街为例[C]//中国风景园林学会.中国风景园林学会 2018 年会论文集.北京:中国建筑工业出版社,2018:7.

[12] 彭旭路,刘滨谊.上海南京东路热生理感应分析与评价[C]//中国风景园林学会.中国风景园林学会 2019 年论文集(上册).北京:中国建筑工业出版社,2019:7.

[13] 连泽峰,刘滨谊.风景园林小气候对人体自主神经系统的健康作用的测试分析[C]//中国风景园林学会.中国风景园林学会 2019 年论文集(下册).北京:中国建筑工业出版社,2019:8.

[14] BELDING H S, HATCH T. Index for evaluating heat stress in terms of resulting physiological strains[J]. Heating, Piping and Air Conditioning, 1955, 27(8): 129-136.

[15] GAGGE A P, STOLWIJK J A, HARDY J D. Comfort and thermal sensations and associated physiological responses at various ambient temperatures[J]. Environmental Research, 1967, 1(1): 1-20.

[16] MARKS L E. Spatial summation in relation to the dynamics of warmth sensation[J]. International Journal of Biometeorology, 1971, 15: 106-110.

[17] NADEL E R, MITCHELL J W, STOLWIJK J A. Differential thermal sensitivity in the human skin[J]. Pflügers Archiv, 1973, 340(1): 71-76.

[18] STEVENS J C, MARKS L E, SIMONSON D C. Regional sensitivity and spatial summation in the warmth sense[J]. Physiology & Behavior, 1974, 13(6): 825-836.

[19] DARIAN-SMITH I, JOHNSON K O. Thermal sensibility and thermoreceptors[J]. Journal of Investigative Dermatology, 1977, 69(1): 146-153.

[20] GRAY L, STEVENS J C, MARKS L E. Thermal stimulus thresholds: sources of variability[J]. Physiology & Behavior, 1982, 29(2): 355-360.

[21] TOMARKEN A J, DAVIDSON R J, HENRIQUES J B. Resting frontal brain asymmetry predicts affective responses to films[J]. Journal of Per-

sonality and Social Psychology, 1990, 59(4): 791-801.

[22] TAMURA T, AN M Y. Physiological and psychological thermal response to local cooling of human body[J]. Journal of Thermal Biology, 1993, 18(5/6): 335-339.

[23] WITTLING W. Brain asymmetry and autonomic control of the heart[J]. European Psychologist, 1997, 2(4): 313-327.

[24] HÖPPE P. The physiological equivalent temperature: a universal index for the biometeorological assessment of the thermal environment[J]. International Journal of Biometeorology, 1999, 43(2): 71-75.

[25] WORFOLK J B. Heat waves: their impact on the health of elders[J]. Geriatric Nursing, 2000, 21(2): 70-77.

[26] CRAIG A D. Pain mechanisms: labeled lines versus convergence in central processing[J]. Annual Review of Neuroscience, 2003, 26(1): 1-30.

[27] FIALA D, LOMAS K J, STOHRER M. First principles modeling of thermal sensation responses in steady-state and transient conditions [J]. ASHRAE Transactions, 2003, 109(1): 179-186.

[28] SHIBASAKI M, WILSON T E, CRANDALL C G. Neural control and mechanisms of eccrine sweating during heat stress and exercise [J]. Journal of Applied Physiology, 2006, 100(5): 1692-1701.

[29] EPSTEIN Y, MORAN D S. Thermal comfort and the heat stress indices [J]. Industrial Health, 2006, 44(3): 388-398.

[30] ARENS E, ZHANG H. The skin's role in human thermoregulation and comfort[M]//PAN N, GIBSON P. Thermal and moisture transport in fibrous materials. Amsterdam: Elsevier, 2006:560-602.

[31] THORSSON S, HONJO T, LINDBERG F, et al. Thermal comfort and outdoor activity in Japanese urban public places[J]. Environment and Behavior, 2007, 39(5): 660-684.

[32] CAMPBELL I. Body temperature and its regulation[J]. Anaesthesia & Intensive Care Medicine, 2008, 9(6): 259-263.

[33] LIU W W, LIAN Z W, LIU Y M. Heart rate variability at different thermal comfort levels[J]. European Journal of Applied Physiology, 2008,

103(3): 361-366.

[34] YAO Y, LIAN Z W, LIU W W, et al. Experimental study on physiological responses and thermal comfort under various ambient temperatures [J]. Physiology & Behavior, 2008, 93(1/2): 310-321.

[35] NOVIETO D T, ZHANG Y. Thermal comfort implications of the aging effect on metabolism, cardiac output and body weight. Proceedings of the Conference on Adapting to Change: New Thinking on Comfort. April 9-11, 2010[C]. Windsor: 2012.

[36] CALDWELL J N, NYKVIST Å, POWERS N, et al. An investigation of forearm vasomotor and sudomotor thresholds during passive heating, following whole-body cooling. Proceedings of the Fourteenth International Conference on Environmental Ergonomics, July 10th-15th. 2011 [C]. Nafplio: 2013.

[37] FIALA D, HAVENITH G, BRÖDE P, et al. UTCI-Fiala multi-node model of human heat transfer and temperature regulation[J]. International Journal of Biometeorology, 2012, 56(3): 429-441.

[38] BRÖDE P, FIALA D, BŁAŻEJCZYK K, et al. Deriving the operational procedure for the Universal Thermal Climate Index (UTCI)[J]. International Journal of Biometeorology, 2012, 56(3): 481-494.

[39] ZANOBETTI A, O'NEILl M S, GRONLUND C J, et al. Summer temperature variability and long-term survival among elderly people with chronic disease[J]. Proceedings of the National Academy of Sciences of the United States of America, 2012,109(17): 6608-6613.

[40] GERRETT N, REDORTIER B, VOELCKER T, et al. A comparison of galvanic skin conductance and skin wettedness as indicators of thermal discomfort during moderate and high metabolic rates[J]. Journal of Thermal Biology, 2013, 38(8): 530-538.

[41] TAWATSUPA B. Effects of heat stress on human health: input into health impact assessment of climate change[D]. Canberra: Australian National University, 2013.

[42] ABDEL-GHANY A M, AL-HELAL I M, SHADY M R. Human thermal

comfort and heat stress in an outdoor urban arid environment: a case study[J]. Advances in Meteorology, 2013,2013(2):1675-1688.

[43] TANSEY E A, ROE S M, Johnson C J. The sympathetic release test: a test used to assess thermoregulation and autonomic control of blood flow [J]. Advances in Physiology Education, 2014, 38(1): 87-92.

[44] THEODOROS A. Electrodermal activity: applications in perioperative care[J]. International Journal of Medical Research & Health Sciences, 2014, 3(3): 687-695.

[45] TALEGHANI M, KLEEREKOPER L, TENPIERIK M, et al. Outdoor thermal comfort within five different urban forms in the Netherlands[J]. Building and Environment, 2015, 83: 65-78.

[46] LUO M H, CAO B, JI W J, et al. The underlying linkage between personal control and thermal comfort: psychological or physical effects? [J]. Energy and Buildings, 2016, 111: 56-63.

[47] LUO M H, ZHOU X, ZHU Y X, et al. Revisiting an overlooked parameter in thermal comfort studies, the metabolic rate[J]. Energy and Buildings, 2016, 118: 152-159.

[48] XIONG J, ZHOU X, LIAN Z, et al. Thermal perception and skin temperature in different transient thermal environments in summer [J]. Energy and Buildings, 2016, 128: 155-163.

[49] GHAHRAMANI A, CASTRO G, BECERIK-GERBER B, et al. Infrared thermography of human face for monitoring thermoregulation performance and estimating personal thermal comfort[J]. Building and Environment, 2016, 109: 1-11.

[50] XIONG J, LIAN Z, ZHANG H B. Physiological response to typical temperature step-changes in winter of China [J]. Energy and Buildings, 2017, 138: 687-694.

[51] NEALE C, ASPINALL P, ROE J, et al. The aging urban brain: analyzing outdoor physical activity using the emotive affective suite in older people[J]. Journal of Urban Health, 2017, 94(6): 869-880.

[52] VANOS J K, HERDT A J, LOCHBAUM M R. Effects of physical activi-

ty and shade on the heat balance and thermal perceptions of children in a playground microclimate[J]. Building and Environment, 2017, 126: 119-131.

[53] SHOOSHTARIAN S, RIDLEY I. The effect of physical and psychological environments on the users thermal perceptions of educational urban precincts[J]. Building and Environment, 2017, 115: 182-198.

[54] YAHIRO T, KATAOKA N, NAKAMURA Y, et al. The lateral parabrachial nucleus, but not the thalamus, mediates thermosensory pathways for behavioural thermoregulation [J]. Scientific Reports, 2017, 7(1): 5031.

[55] SHAN X, YANG E H, ZHOU J, et al. Human-building interaction under various indoor temperatures through neural-signal electroencephalogram (EEG) methods[J]. Building and Environment, 2018, 129: 46-53.

[56] CHAUDHURI T. Predictive modelling of thermal comfort using physiological sensing[D]. Singapore: National University of Singapore, 2018.

[57] PRATIWI P I, XIANG Q Y, FURUYA K. Physiological and psychological effects of viewing urban parks in different seasons in adults[J]. International Journal of Environmental Research and Public Health, 2019, 16(21): 4279.

[58] LIU B Y, LIAN Z F, BROWN R D. Effect of landscape microclimates on thermal comfort and physiological wellbeing [J]. Sustainability, 2019, 11(19): 5387.

小气候与城市景观设计相关论文

[1] 秦俊,王丽勉,高凯,等.上海居住区常见植物群落对改善夏季热环境的研究[C]//中国园艺学会.中国园艺学会观赏园艺专业委员会年会论文汇编.北京:中国科学技术出版社,2007:583-586.

[2] 姚雪松,冷红.哈尔滨市高层住区户外微气候环境优化对策[C]//中国城市规划学会.城市规划和科学发展:2009中国城市规划年会.天津,2009:4446-4456.

[3] 姚雪松,冷红,庞瑞秋.基于改善风环境的高层住区户外空间优化策略[J].中华建设,2012(10):108-110.

[4] 董芦笛,樊亚妮,刘加平. 绿色基础设施的传统智慧:气候适宜性传统聚落环境空间单元模式分析[J]. 中国园林,2013,29(3):27-30.

[5] 冯娴慧,高克昌,钟水新. 基于GRAPES数值模拟的城市绿地空间布局对局地微气候影响研究:以广州为例[J]. 南方建筑,2014(3):10-16.

[6] 陈宏,李保峰,张卫宁. 城市微气候调节与街区形态要素的相关性研究[J]. 城市建筑,2015(31):41-43.

[7] 张顺尧,陈易. 基于城市微气候测析的建筑外部空间围合度研究:以上海市大连路总部研发集聚区国歌广场为例[J]. 华东师范大学学报(自然科学版),2016(6):1-26.

[8] 刘之欣,赵立华,方小山. 从遮阳效果浅析余荫山房布局设计的气候适应性[J]. 中国园林,2017,33(10):85-90.

[9] 印璇. 微气候视角下城市高度控制策略研究:以大连市中山广场区域风环境优化为例[D]. 大连:大连理工大学,2018.

[10] 薛申亮,刘滨谊. 上海市苏州河滨水带不同类型绿地和非绿地夏季小气候因子及人体热舒适度分析[J]. 植物资源与环境学报,2018,27(2):108-116.

[11] 张弘驰,唐建,郭飞. 街区尺度城市风廊发掘与热岛缓解策略:以大连为例[J]. 住宅产业,2019(12):8-12.

[12] 金虹,崔鹏. 哈尔滨中央大街商业街区形态要素与温度关联性研究[J]. 建筑科学,2019,35(8):11-17.

[13] 张敏霞,宋恬恬,梅丹英,等. 基于小气候实测的杭州西湖传统避暑名景研究[J]. 北京林业大学学报(社会科学版),2019,18(3):86-90.

[14] 刘滨谊,李凌舒. 基于热舒适提升的广场空间形态量变模拟分析[C]//中国城市规划学会. 城市城乡　美好人居:2019中国城市规划年会论文集(13风景环境规划). 北京:中国建筑工业出版社,2019:13.

[15] 李坤明,赵立华. 城市居住区风景园林、热环境、空间使用特征相关性测析:以湿热地区广州为例[J]. 建筑科学,2019,35(10):118-123.

[16] 刘丹凤,陈宏. 基于室外环境性能模拟的街区形态参数化设计[C]//全国高等学校建筑专业教育指导分委员会建筑数字技术教学工作

委员会. 协同:2019 全国建筑院系建筑数字技术教学与研究学术研讨会论文集. 北京:中国建筑工业出版社,2019:311-316.

[17] 杨小乐,金荷仙,彭海峰,等. 基于夏季小气候效应的杭州街道适应性设计策略研究[J]. 风景园林,2019,26(2):100-104.

[18] 张弘驰,唐建,郭飞. 基于 GIS 的城市热环境气候图研究:以大连星海湾为例[J]. 华中建筑,2020,38(2):53-57.

[19] 颜廷凯,金虹. 基于 WRF/UCM 数值模拟的严寒地区城市热岛效应研究[J]. 建筑科学,2020,36(8):107-113.

[20] 张弘驰,唐建,郭飞,等. 基于通风廊道的高密度历史街区热岛缓解策略[J]. 建筑学报,2020(S1):17-21.

[21] 郭飞,赵君,张弘驰,等. 多模型、多尺度城市风廊发掘及景观策略[J]. 风景园林,2020,27(7):79-86.

[22] 郑钰旦,朱思媛,方梦静,等. 城市公园不同植物配植类型与温湿效应的关系[J]. 西北林学院学报,2020,35(3):243-249.

[23] 熊瑶,严妍. 基于人体热舒适度的江南历史街区空间格局研究:以南京高淳老街为例[J]. 南京林业大学学报(自然科学版),2021,45(1):2049-226.

[24] SPRONKEN-SMITH R A, OKE T R. The thermal regime of urban parks in two cities with different summer climates[J]. International Journal of Remote Sensing, 1998, 19(11): 2085-2104.

[25] ALI-TOUDERT F, MAYER H. Numerical study on the effects of aspect ratio and orientation of an urban street canyon on outdoor thermal comfort in hot and dry climate[J]. Building and Environment, 2006, 41(2): 94-108.

[26] BOURBIA F, BOUCHERIBA F. Impact of street design on urban microclimate for semi arid climate (Constantine)[J]. Renewable Energy, 2010, 35(2): 343-347.

[27] SHASHUA-BAR L, TSIROS I X, Hoffman M. Passive cooling design options to ameliorate thermal comfort in urban streets of a Mediterranean climate (Athens) under hot summer conditions[J]. Building and Environment, 2012, 57: 110-119.

[28] LENZHOLZER S. Research and design for thermal comfort in Dutch urban squares[J]. Resources, Conservation and Recycling, 2012, 64: 39-48.

[29] SKOULIKA F, SANTAMOURIS M, KOLOKOTSA D, et al. On the thermal characteristics and the mitigation potential of a medium size urban park in Athens, Greece[J]. Landscape and Urban Planning, 2014, 123: 73-86.

[30] STOCCO S, CANTÓN M A, CORREA E N. Design of urban green square in dry areas: thermal performance and comfort[J]. Urban Forestry & Urban Greening, 2015, 14(2): 323-335.

[31] MAZHAR N, BROWN R D, KENNY N, et al. Thermal comfort of outdoor spaces in Lahore, Pakistan: lessons for bioclimatic urban design in the context of global climate change[J]. Landscape and Urban Planning, 2015, 138: 110-117.

[32] CHATZIDIMITRIOU A, YANNAS S. Microclimate design for open spaces: Ranking urban design effects on pedestrian thermal comfort in summer[J]. Sustainable Cities and Society, 2016, 26: 27-47.